绿色生态物种系列

THE ELEPHANT CARRYING WOOD

拉木头的大象

马 可 王艺忠 著

王艺忠 摄

上海锦绣文章出版社

《绿色生态物种系列》编委会

主　任

朱春全　世界自然保护联盟(IUCN)驻华代表

副主任

陈建伟　北京林业大学教授、博导，中国野生动物保护协会副会长

编　委

蒋志刚　中国科学院动物研究所研究员

李保国　西北大学教授、博导，中国科学院西安分院副院长

任　毅　陕西师范大学教授、博导

冉景丞　贵州省野生动物和森林植物管理站站长、

　　　　中国人与生物圈国家委员会委员

谢　焱　中国科学院动物所博士

顾　玮　中国科学院天然产物化学重点实验室副研究员、植物学博士

彭　涛　贵州师范大学副教授

布　琼　青海可可西里国家级自然保护区管理局党组书记

周　皓　上海锦绣文章出版社社长兼总编辑

郭燕红　上海锦绣文章出版社副总编辑

对大自然最为恭敬的态度不是书写，而是学习、沉默和惊异。

但今天，学习、沉默和惊异显然已经不够用了。当今，物种灭绝的速度已经超过化石记录的灭绝速度的1000倍，如果我们看到除了人类有很多动物都挣扎在死亡线上，许多植物都因为栖息地的丧失和人类的过度利用面临着灭绝的危险，我们的后代只能通过书本和动植物园而不是通过大自然来辨认它们，那么，沉默和惊异便是不道德的行为。

不久前，牛津大学研究员查尔斯·福斯特为了探索人类能否穿越物种之间的界限，将自己变身为鹿、狐狸、獾、水獭等动物，体验了一把"非人类"的生活。也就是说，在一段时间里，他像动物一样生活在它们各自的区域里。例如，像鹿一样生活在丛林中，尝试取食灌木和地衣；像狐狸一样深入伦敦最为黑暗和肮脏的角落，每天捕食老鼠并躲避被猎狗追捕……这段不寻常的生活让他得出一个结论：人类的各种感官功能并没有因为现代生活而受损和退化，我们仍旧能够在自然状态下生存，我们仍然是动物。

作为动物中的一种，用所谓的文明将自己异化的一种高等动物，我们却没有善待我们的动物同伴；或者说，多少年来，我们以发展高度文明和提高自身的生活质量为借口，驱逐、虐待、猎杀了地球上的大部分动物。因为环境破坏等原因，50年来，在IUCN（世界自然保护联盟）红色名录评估的73686个物种中，有22103个物种受到了灭绝威胁（2014年数据），而已经灭绝和消失的物种数量与速度都既大且快。以中国为例，近100年灭绝了的动物，有记录的就有新疆虎、中国犀牛、亚洲猎豹、高鼻羚羊、台湾云豹、滇池蝾螈、中国豚鹿。目前濒临灭绝的动物名单也非常长：麋鹿、华南虎、雪豹、扬子鳄、白暨豚、大熊猫、黑犀牛、指猴、绒毛蛛猴、滇金丝猴、野金丝猴、白眉长臂猴、藏羚羊、东北虎、朱鹮、亚洲象……好在后一份名单中，多数动物都已由国家和一些国际NGO（非政府组织）建立了专门的保护区。与其他发达国家一样，我们已经意识到如果不对它们加以善待和保护，它们即将离我们远去，并且一去不回头——人类不可能像科幻片中所描述的那样，孤孤单单地靠着人造和意志生活，没有其他动物和植物相伴，人类也命数将尽。大自然在创世的时候，是本着一种节约、节省而不是浪费和挥霍在创造生命，因为地球只有这么大，地球上的每一种材料、每一个化学元素、每一个物种必须能够彼此利用、彼此相制约、彼此相生、彼此相伴。至于具体到每个物种本身，也都有其独特的生物配方，每一个生命消失了都不可逆转、不可重生，至少在我们的基因工程还没有完善到可以将一个灭绝的物种复制出来之前。

这些年来，在物种保护方面，我们自然也经历了很多的悲喜剧。悲剧比比皆是——有些物种因为发现晚了，等我们援军到达时，它们已经撒手人寰，例如白鳍豚、华南虎、斑鳖等。作为本系列丛书中的中华鲟的亲戚白鳍豚，就由于长江过于繁密的航运、渔业的延伸和江水水体的污染，2006年被迫宣告功能性灭绝。对于中国两大水系之一的长江来说，白鳍豚的消失是一个非常危急和可怕的警报，因为紧随而来要消失的就可能是江豚、中华鲟、白鲟、扬子鳄等，这些古老的居民很多几乎与恐龙一样年长，它们历经了这个星球这么多的变故都挺下来了，唯独可能逃不过人类的"毒手"……而一旦江河里没有了活物，江河便也不成其为江河了。喜剧不多，但也有几个。例如，由于得力的保护，藏羚羊等几近灭绝的濒危动物如今已生机再现，它们的种群数量目前已经恢复到一个健康的指数上。为了让它们能够安全繁殖，青海可可西里国家级自然保护区管理局这些年每年四五月都在它们的产房派人日夜看守，还组织了大批志愿者来可可西里做一些外围的环境看护工作。《可可西里，因为藏羚羊在那里》的作者杨刚，就是几度进出可可西里的志愿者之一。朱鹮也一样，一度在日本灭绝的"神鸟"，1981年有幸在我国陕西洋县找到了最后7只"种鸟"，经过环保人士和当地民众的悉心抢救和看护，如今这几只"种鸟"的后代已经遍布中日两国。当然也有悲喜剧，例如亚洲象的命运就很难让人去定义它的处境。在过去，亚洲象通常被东南亚诸国和我国云南一带驯化为坐骑和家丁；当伐木场兴起时，大象变身为搬运工，每天穿梭在丛林里拉木头；后来，由于森林的过度砍伐，伐木业萧条，这些大象又转行至大象学校成为"风光"的演员……繁重的体力劳动暂时告一段落，看似它的命运在好转，但它的"职业"变迁背后隐含的却是一个危险而不堪的现状：大树被毁，生态告急，丛林不再。十数年来，云南摄影师王艺忠一直用镜头关注着这些人类伙伴的悲喜剧，或者说，悲剧。王艺忠的视频作品《象奴》曾在多个电视台和网站热播，本系列丛书中记录大象命运的《拉木头的大象》就是《象奴》一部分章节的情节。

作为一名自然保护者，与我的那些国际同行一样，我惯于将自然看作一个我们无法摆脱的法则的提醒者，这个法则就是吞噬、毁灭和受苦。在过去，吞噬、毁灭和受苦发生在动物之间，如今更多的是发生在我们与动物之间，但我们施加在动物身上的，自然肯定会毫无保留地回馈给我们。

因为人类没法孤零零地生活在地球上，我们不仅要善待自己，更要善待其他生物，为你、为我、为他，更是为了一个生机勃勃的人与自然和谐的地球。

朱春全

世界自然保护联盟（IUCN）驻华代表

目录

被驯养过的大象一到旱季，便被驯象人驱赶着进到山林，沿着陡峭难行的山路，把木头拉到河边。这一过程中，大象在人的指挥下，需要克服的困难，所要完成的各种复杂灵巧的动作，是没有亲眼所见的人难以想象的。

大象负重前行的背影

CHAPTER ONE THE BITTER LABOR ON THE MEKONG RIVERFRONT

第一章　湄公河畔的苦役

　　如果你要去湄公河，那么最好赶在雨季来临之前，那时候的湄公河，平静得就像一条宽阔而柔滑的泥黄色丝带一样。河两岸山峦上的雾霭，像奶白色的薄纱一般飘浮着。客船行驶在河中，两旁如画卷的风景飞掠而过。这样的情景，或许会叫你想起法国作家杜拉斯的小说《情人》里的某些章节，更会想到由《情人》改编成的同名电影。在那部电影里，一开头你就会看到在那艘能搭载汽车的渡船上，在将近100年之前，戴着男式白色礼帽、身着灰色无袖连衣裙的美丽少女正凭栏而立，她的倩影与身后浊黄的湄公河水相得益彰。你会看到湄公河细微的泥黄色波浪，不断向远处推展着，起了一些皱褶和涟漪，黏稠得像巧克力糖浆。

　　就在这样的背景下，导演一次又一次把镜头给了这位少女，让她身上浅灰色的连衣裙和男式的白色礼帽，也因为黄色的背景沾染

木材与沙滩形成的强阻力，致使大象不停地哀嚎着奋力前行

夕阳下的湄公河

第一章
湄公河畔的苦役
Chapter One
The Bitter Labor
on the Mekong
Riverfront

11

上了黄色。她扎着两个俏皮的小辫，气质独特而叛逆。从这些镜头上看，作为背景的湄公河，宽阔得就像没有边界似的。不过你还是能在远处看到那些绿色的山峦，极目眺望，它们如同嵌在河边的一串串绿色的宝石。你惊讶于湄公河美轮美奂的同时，又发现它是那么的富于异国情调，极具吸引力。

这一次，独立摄影师王艺忠，也踏上了一条在湄公河上行驶的渡船。只是它看起来并不像电影《情人》里的渡船那样宽大——可以容纳得下汽车。它是狭长形的，仅限于承载游客，有些类似于中国的龙船，不过要比龙船更宽大

一些。它狭长轻盈的身形，便于在湄公河上快速轻捷地航行。

　　作为独立摄影师的王艺忠，1956 年出生于云南思茅，1973 年插队于西双版纳傣族村落，两年的知青经历让他学会了傣语。曾经做过广播局电台的编辑和电视台的摄像，1985 年开始摄影创作，1992 年成为独立摄影人。多年来他已经在这条河上航行过无数次了。早在 20 多年前，他就曾徒步深入金三角地区，拍摄了美丽的罂粟花、身着旧军装的军人、枪、贫困线上挣扎的原住民、地里劳作的农民、

湄公河三国交界处全景

　　奇特的殡葬方式、饥饿的孩童……王艺忠用了 10 余年的时间，拍摄了那一直被人们视为"神秘"代名词的地区，及那里因战乱、毒品和封闭带来的贫困与落后。从 2008 年后，他又把目光投向了地球上最庞大的濒危动物——象，并一直把它作为这些年拍摄的主要选题。

　　这一次，他准备再次前往老挝湄公河沿岸，他要到一个叫淘金村的地方，在那里拍摄拉木头的大象。前些年，因受到木材市场原木家具价格高涨的刺激，数不清的伐木工人陆续进驻到湄公河流域

独立摄影人王艺忠

的原始森林深处，公开采伐树木，盗伐的现象也层出不穷、屡见不鲜。但在热带雨林地区，交通十分不便，没有供车辆行驶的道路，所有被砍伐的木材，都要先从山林中搬运到河边，再用货船运到通公路的码头才能运走。

在这样的情况下，经过驯养的大象就成了最主要、最便利的运输工具。被驯养过的大象一到旱季，便被驯象人驱赶着进到山林，

湄公河畔的苦役
第一章
Chapter One
The Bitter Labor
on the Mekong
Riverfront

15

伐木工人

沿着陡峭难行的山路，把木头拉到河边。这一过程中，大象在人的指挥下，需要克服的困难，所要完成的各种复杂灵巧的动作，是没有亲眼所见的人难以想象的。大象被奴役、森林被毁坏的状况引起了王艺忠的关注，他决定用几年的时间，来跟踪拍摄与拉木头的大象相关的主题——"象奴"。

早在 2000 年左右，王艺忠就在老挝的哄沙县听当地的导游说过，

拉木头的大象

大象村很难见到大象，因为大象被放养在森林里

第一章
湄公河畔的苦役
Chapter One
The Bitter Labor
on the Mekong
Riverfront

19

有很多大象在湄公河边拉游客，湄公河沿岸还有一个叫大象村的地方，据说那里几乎家家都养有大象，于是决定到那里看看。不过那次当他按照导游给的地址找到大象村时，却没有见到大象，那里连一头大象都没有。大象村的村民们，正过着一种闲散的生活。

山坡上、树丛中，到处散落着盖得歪歪斜斜的竹楼，竹楼前没有长草的光秃秃的空地上，有鸡和狗在跑来跑去。村里的孩子一见到王艺忠，都用惊异的眼神打量着他，过不了多久就对他失去了兴趣，又散开了。王艺忠走到村里的一幢被当作公共场所的竹楼里打听大象的情况。他们告诉他，养大象可不像养猪和养鸡，大象食量很大，喂不起，平时，人们把大象放进山里让它们自行找食，只在需要它们的时候，才去山里把它们找回来。

"你要拉木头吗？"其中一个人问王艺忠，"你要拉的话，给钱50美金，我去找大象帮你拉。"

这个人像这里的大多数人一样，身子精瘦，个头不高，皮肤黝黑，每当张嘴说话的时候，

王艺忠租木舟沿河岸寻找拉木头的大象

就露出满口发黄的牙齿。他以为王艺忠是经常进山里找木头的木材商。

"不，不是，我不是找大象拉木头的，我是摄影的。"

对方还在看着他，没有表现出完全领悟了他的话的样子，王艺忠想他可能不明白自己的话，就又用老语补充说："就是拍照片的。我来拍大象。"

那人很快露出欢快善意宽容的笑容，告诉他："哦，拍照片。好的，好的。现在村子里没有大象，它们都在山上呢。"

那次去大象村，虽然没有看到大象，但有人告诉王艺忠，如果

湄公河岸淘金人

他想要拍大象，可以去湄公河的下游，那里能看到大象。那段时间，正好有木材商人雇佣大象进山拉木头。

王艺忠听到这个消息后，便租小木船沿湄公河顺流而下。

一路上，他都在用目光找寻大象的身影。

风从水面上刮过的时候，带着森林泥土的味道。潮湿闷热的空气，如同一层布一样紧贴着他的身体，让他感到呼吸都变得沉重起来。

那天傍晚，他在一个叫淘金村的地方停靠下来。不过这个村并不叫淘金村，这个名字是王艺忠为了方便而命名的。因为他一靠岸，

金女孩们一天可收获一颗米粒大小的沙金

就看到很多村民在河里淘金。

　　除了大人之外，淘金人当中还有很多是孩子。王艺忠见他们正学着大人的样子，蹲在河边淘金。他们淘米一样摇晃着金毡，让金毡里的沙子一圈一圈旋转起来，这样，比较轻的泥沙就顺着水流到了金毡外面，金子因为比沙子重就留在了金毡底部。经过如此大量的淘洗之后，就能留下很少的金粒了。王艺忠到达淘金村的时候，阳光从河的那一头照过来，照在淘金人的身上，这样的光线足以让一切都变得富有层次。王艺忠走到河边为他们拍了不少劳作的照片，让眼前的一切永久性地定格在胶片上。

　　拍完照，王艺忠走进村子，尽管到这样的村子探访已不止一次了，但这个村的贫穷状况再一次让王艺忠感到吃惊。火爆的木材市场，只让经营木材加工的人和中间商赚得盆满钵满，却并没有给原料产地的村民带来实际的好处。大象村的村民似乎与木材根本就没有关系，仍旧一贫如洗，很多人穿得破破烂烂、面黄肌瘦，但他们似乎仍然对自己面前的生活感到满意，活得很轻松而又开心。他们对王艺忠这个外来者报以羞涩宽厚的笑容。

　　淘金村没有公路，只靠水路与外界连通。森林和金子是他们唯一能利用的资源，但沙里的含金量不高，即使消耗大量人力后，他们所得的金子也很少。一个木材商人告诉王艺忠，在老挝境内，最名贵的木材就算花梨木了。花梨木的交易多数情况下是私底下进行的，因为无论砍伐还是交易都必须要有老挝政府颁发的指标，否则

路途艰辛，超负荷的大象今天拉到河岸天肯定黑了

老挝运往中国的花梨木树根

查到就要没收、罚款。然而一般人是没有能力弄到指标的，因此村
民经常到山里转悠，如果发现花梨木，就悄悄锯下来用树叶盖住，
等待合适的时机再把商人领去看，谈下价格，私下交易。商人买下后，
就去找大象和赶象人，雇佣大象和赶象人到山里把木头拉到河边，

再用货船运到码头。

王艺忠在淘金村住了几天，有一次曾跟随一个村民沿着拉木头的大象踩出的小路去寻找花梨木。那片热带雨林里，很多木头都被砍走了，森林里只剩下光秃秃的树桩。那个人告诉他，这些树桩很快也会被挖走的，它们被做成根雕制品，也能卖上一个好价格。

老挝有不少中国人办的木材加工厂。王艺忠在一些较大的木材加工厂里了解到，规模较大的木材加工厂一年要加工 20000 方木材。他粗略估算了一下，在整个老挝北部，一年的木材加工量，也就是木材消耗量，可能就达到 50000 余方。这些珍贵的木材主要被运往中国，那里是奢侈的红木制品的主要消费市场。那么，到底有多少头大象在森林里为人类的奢侈品工作呢？有一个当地商人告诉他，整个老挝可能有 1500 头大象在原始森林里搬运木头。仅丰沙县，就有近 50 余头大象在搬运木材。

王艺忠了解到，每年雨季开始的时候，驯养大象的人会把大象散养在附近的森林里，等到雨季结束、旱季到来之时，它们便被赶进原始森林深处，拖拽沉重的木头，完成从山林到河边这段路程的搬运工作。对于被奴役的大象来说，整整一个旱季，连续数月的辛苦工作便开始了。

每头大象相当于 20—30 人的劳动力，每当看到它们迈着沉重的步伐，艰难地哀嚎着拖拽木头前行的场景，王艺忠都痛心得无法呼吸。

王艺忠在淘金村住了几天，他经常看到村民们把老鼠肉当作美

木材加工厂

要爬 5 公里的山路，可以想象大象负重返回时的艰辛

你能想到吗？老鼠竟然是他们的美味佳肴

捕鼠的男孩，据说老鼠夹来自中国

味佳肴来享用。捉老鼠的工作主要是男人和孩子们去完成的。这项工作并不复杂，他们只要把中国产的老鼠夹，放在老鼠经常通过的地方，等夹到老鼠，再去把老鼠夹收回来即可。孩子们几乎每天都收获颇丰，总能夹到几只肥硕的老鼠。中国有句俗话，叫"靠山吃山，靠海吃海"。这种不必花费粮食和人力圈养，便能轻松得到的肉食，已经成了当地人的家常便饭。

每天一到做饭时间，各家各户就一边煮饭一边在旁边烤老鼠。

他们先把老鼠放到火盆上烤，等毛皮烧焦后再用刀或竹片将毛刮净，用竹棍把松软的内脏挖出来，撒上些椒盐、辣椒面，这样就可以吃了。

村里没有沐浴设备，全村的男女老少都是在河边或山泉溪流中解决洗澡问题的。洗澡的时候，男人们通常穿着裤衩或脱光用手捂住关键部位，妇女们则脱去上衣用裙子裹住身体，年轻的男女们会在洗澡的过程中嬉笑打闹，互相泼水，上了年纪的人会对此采取宽容随和的态度。无论男女，他们的皮肤都呈现泥黄色，就像是因为洗了泥黄色的水，他们的皮肤才变成了泥黄色。他们和周围的环境自然地融为一体，成了环境的一部分。

如果遇到聚会活动，比如婚礼或者节日，全体村民就会聚在一起边喝"团结酒"边唱歌。所谓"团结酒"，就是将各家酿的酒凑到一起。到了有喜事活动的那天晚上，各家各户都聚到主人家，把自家用各类粮食酿造的酒，拿出来一起享用。喝酒用的工具是竹管，他们事先把竹节打通，再相互团团围坐在酒坛边，将细长的竹管插进所有的酒罐中，然后每个人再各自握住自己的一根竹管吸饮酒罐中的"团结酒"。这是全村人最欢乐融洽的时刻。

湄公河在泰语中意为"高棉人之河"，它发源于中国青海省，流经中国云南省、老挝、缅甸、泰国、柬埔寨，由越南胡志明市流入南海。湄公河在青海省境内被称为"扎曲"，在云南省境内称为"澜沧江"，"澜沧江"就有"百万大象"的意思。湄公河总长约4900公里，沿岸一直是亚洲象的主要栖息地，由于流量变化极大，主干

喝团结酒时还有歌声相伴，其乐融融

流有不少激流和瀑布，云南省境内的澜沧江，更像一条巨蟒，奔腾咆哮，劈山越岭。在中下游地区，老挝与缅甸之间的这段水流则变得平缓。

坐在开往老挝琅勃拉邦的船上的王艺忠，举起摄像机拍摄着沿途的风景。渡船随着平缓流过的湄公河水起起伏伏，两岸层叠的山峦在缠绕的白云间时隐时现，浅蓝色的、雾气迷蒙的天空中不时有鸟群飞过。雨季就快要到了，拉木头的大象只在旱季工作，到了雨季，山上的道路泥泞湿滑，大象就无法拉运木头了，王艺忠必须赶在雨

湄公河畔的苦役
Chapter One
The Bitter Labor
on the Mekong
Riverfront

第一章

33

一条运行在湄公河上的客船，几乎没有亚洲面孔

季到来之前拍到它们。

在这艘船上，除了王艺忠之外，大多数是去琅勃拉邦旅游的西方游客，他们有的在船舱前部的垫子上坐着聊天，有的在椅子上看书，有的望着窗外的风景发呆。窗外，在湄公河浊黄的水中，时不时有同样的客船载着西方游客从对面驶来，两边经常会有人招手相互示好。

这次也许是天意，还没有到淘金村，王艺忠就见到了大象的踪影。他看到河岸上原本生长着茂盛植物的地方，出现了一块空地，上面堆着上百根木头。即使离得远，他也能隐约看到在木头旁工作的大象的身影，这让王艺忠感到一阵兴奋，庆幸此次没有白来。多年的拍摄经验在催促王艺忠下船，他已经跃跃欲试了，但没有小船来接，他又怎么靠岸呢？

正一筹莫展之际，正好同船有人说也要下船。王艺忠上前跟要下船的人商量，可否让他搭乘前来接船的小船。这是普通的小木船，不同的是在船尾上加装了一台小发电机和螺旋桨，此类小船几乎成了沿岸部族家家必备的水上交通工具。得到同意后，王艺忠把自己的包扔到来接船的小船上。就这样，他们乘坐的小船，很快就与渡船分离了，向着河岸驶去。离河岸越近，岸边山坡上大象的身影也越来越清晰。此时，王艺忠拿出摄像机，对着大象拍摄起来。

开小船的人提醒他要小心，别让摄像机或者他自己掉进水里，王艺忠说他会小心的。他们又问他是不是来买木头的，王艺忠说不是，他是摄影师，是来拍大象的。他们听王艺忠说是来拍摄拉木头的大象，都感到好奇，一连声说："有什么好拍的？你们中国的大象不拉木头吗？"王艺忠说，他拍大象已经好几年了，中国内地人很多都没见过大象拉木头，拍回去给他们看看。王艺忠没把真实意图向他们表达，其实他是想让更多的人来关注大象，了解大象正在遭受的苦难，让更多的人来保护生态、爱护动物。

此时，河岸上大象的身影越来越清楚了。王艺忠见它们正来来回回在山坡上往返，把木头从山坡拉到河岸边，它们身后拉动木头

两头大象同心协力将滑入河中的木头拉上河岸

的铁链发出清楚的哗啦声。小船靠岸后，王艺忠迫不及待地跳上岸，他还没顾得上跟象主人打招呼，就开始对着山坡上的大象拍摄起来。他看到这里共有两头象，每头大象的脖子上都坐着一个赶象人，他们正指挥着大象，把用铁链拴着的长达数米的木头，从山坡拉至河边松软的河滩上。沉重、巨大的木头再加上与沙滩摩擦形成的阻力，几乎达到了大象体能的极限，巨大的身躯向前倾斜到几乎双腿跪地，为了保持平衡，大象的鼻子也成了拐杖，一步一步艰难地哀鸣着向前、再向前，一趟又一趟。粗重的铁链在大象身后发出的"哗啦哗啦"的声音，大象嘴里发出的阵阵悲鸣，让王艺忠的心感到痛得要爆。它们是囚犯吗？它们到底欠了人类什么？几乎没有天敌的庞然大物为什么甘愿受人的奴役、虐待？……无数的问号一个接一个地闪现

湄公河岸劳作的大象

在王艺忠的脑海。

通过赶象人的指点，王艺忠找到了大象的主人。这是一个 63 岁的老头儿，名叫岩迈扁，穿着白色短袖T恤衫和卡其色短裤，打着赤脚，眼睛细长，鼻翼宽阔，嘴角向两边咧开，花白的头发下面，是一张几乎看不出表情的古铜色的脸。王艺忠抬着摄像机走过去，用老语向他作了自我介绍，并问他是不是大象的主人。老头儿告诉王艺忠，他就是大象的主人。

"你这里有多少头大象在工作啊？"王艺忠问他。

"两头，有两头大象。"老头儿说。

"两头都是你的大象？"王艺忠问他，"你总共有几头大象？"

"总共有两头。"老头儿说，"在整个孟塞省，只有我一个人有两头大象。"老头儿很自豪。

老头儿告诉王艺忠，雨季就快来了，他得让大象赶快把木头拉到船上，否则河水上涨之后，拉运木头就会变得非常困难，他们得赶在这两天把活干完。

湄公河流域位于亚洲热带季风中心，每年的雨季从 5 月初就开始了。雨季到来之后，河水上涨，山路泥泞湿滑，雨量更是充沛，经常说下就下，因此每年木头拉运的工作必须抢在雨季到来之前完成。老头儿告诉王艺忠，每年到了这个时候，原来分散在山里拉木头的大象，就会被集中在湄公河沿岸，在人的指挥下把从森林里拉出来的木头装进船舱，运走。

湄公河畔的苦役
第一章
Chapter One
The Bitter Labor
on the Mekong
Riverfront

39

王艺忠问："你们住在什么地方呢？"

老头儿说他和赶象人，还有他的儿子、孙子都住在离这里5公里远的地方。"我们跟着大象走，哪里有木头要拉，哪里就是我们的家。"他说道。

王艺忠说："大象拉木头很辛苦、很累啊！"觉得拉木头的大象很可怜。

老头儿不以为然："我们这里一直都是这样啊。大象力气大，只有大象才能把山里的木头拉出来，当然要它们来拉。"在他们看来，大象拉木头是顺理成章的事，就像牛要耕地，马要拉车，狗要看家，鸡和猪要被杀来吃一样。老头儿接着又说："在以前大象还要耕地，像牛一样。"

"但至少耕地没有拉木头辛苦。"王艺忠说，"既然已经有了汽车和机器，就没有必要非得让大象来拉木头。现在这样，劳累了大象不说，原始森林也遭到破坏，原始森林遭到破坏，环境也会被破坏，最终人要吞噬自己造成的恶果。"

"如果你们中国人不来买木头，大象也不用拉木头了。"老头儿笑着说，"你不知道，买木头的都是你们中国人，他们在老挝还开了不少木材加工厂。中国人要红木，这里的人要钱生活。"说完，老头大笑。

王艺忠知道这些被驯养过的大象，都是有自己的名字的，于是问象主人他的两头大象叫什么名字。

大象白天拉木头，夜晚将回到森林独自觅食补充第二天的体力

象群的生育率在不断下降，老龄化问题亦日趋严重

湄公河畔的苦役
第一章
Chapter One
The Bitter Labor
on the Mekong
Riverfront

41

　　"它们一头叫麦坤，一头叫麦康，都是雌象。"象主人告诉王艺忠，因为一直在山上拉木头，周围没有雄性大象，所以从未交配过，也从未生过小象。

　　王艺忠知道，近些年，人类对大象的奴役、偷猎，毁坏森林，已经到了严重影响大象生育、生存境况的程度。象牙贸易使亚洲象的雌雄比例严重失调，由于亚洲象里只有雄性大象有象牙，所以雄性大象就成了偷猎者的主要目标，这使雄性大象的数量一直在减少。现在雌象与雄象的数量比一般是 12 ： 1，就是说每 13 头大象中只有 1 头是雄性大象，有些地区甚至每 100 头大象中只有 1 头是雄性大象。这些雄象之所以得以幸存，是因为它们多半没有象牙，或者即使有象牙，象牙也很小。因此，携带它们基因的下一代，也没有象牙或者象牙很小。据统计，现存的亚洲象中，有一半没有象牙，这说明象牙的显性基因正在逐渐消失。雌象正是因为没有象牙才得以幸免的，所以它们一般不会成为猎杀的对象，但这并不意味着雌性野象不会受到威胁，因为人类驯化大象，一般只会选择小象加以驯化，象是群居性动物，很多时候，为了活捉小象，捕猎者至少要杀死周围看护的三四头雌象。

　　就在他们谈话的过程中，两头大象仍在山坡上往返工作着。赶象人不断发出指令让大象完成指定动作，"停下，使劲拉！""起，往左！""右拐！""后退，停下！"这些指令被不断地重复着。"笨蛋，不是这样！""你想找死吗？"要是大象一时没能明白赶象人的意思，

两头大象要轮番工作四天，才能将货船装满

就会遭到赶象人不断的叱骂，甚至用尖刀戳耳、敲打头颅。

天快黑的时候，象主人邀请王艺忠到他河边暂时借住的竹楼。在那里，王艺忠见到了象主人的儿子、孙子以及赶象人。象主人的孙子一见到有陌生人来，就羞涩地躲进竹楼，只是从窗口朝外张望着。竹楼外面，有一处用竹子搭建起来的吃饭用的地方，上面盖有顶篷，三面墙都是用竹篾编起来的。里面的地板高于路面，差不多有人的膝盖那么高，这样人就可以直接坐到里面去。里面的地上铺了席子，要想坐进去，就必须把鞋脱了，有点类似于日本的榻榻米。放在地上的餐桌，是筛子那么大的圆形托盘，上面放着几只杯子。做饭的地方就在竹楼外面的空地上，那里还停放着一辆摩托车，一只平放的汽车轮胎被当成了放盆用的桌子。

大家汇聚到一起的时候，天空下起了雨。雨点不断地落下来，

收工后的大象在河里泡了个澡，穿过村寨，又将消失到附近的森林里

打在泥泞的地面上，雨水顺着房顶淌下来，在竹楼前的泥地上砸出一个又一个小坑。雨一直下着，没有要停的意思。这时候天还没有黑，天空中乌云不断地翻滚着。大象的主人热情地邀请王艺忠坐下来吃饭。

饭菜准备得很丰盛，有肉也有疏菜，装在小铝盆或搪瓷钵里。象主人热情地往王艺忠碗里不断地夹菜，"来来来，你多吃一点我们老挝山上的野菜。"

吃饭的时候，王艺忠说："花梨木总有一天会被砍完，它生长的速度是赶不上砍伐的速度的，到时候没有木材可砍，没有人再来拉木头以后，你们又靠什么为生呢？""森林里的木头很多，但花梨木已经很难找到了。"象主人眨巴着眼睛说道。他说话的速度很慢，每说一句话都似乎在斟字酌句，显得很谨慎。"到时候总有办法。"

想了想，他又说，"反正我也老了，要看儿子他们，要看年轻人。"

　　这时候他的一个孙子走了进来，这孩子大约有五六岁，皮肤被太阳晒得黝黑，但两只眼睛又大又亮，他伸过碗来说："我要肉。"王艺忠舀了一勺肉给他，问他是不是喜欢吃肉，他说："嗯，啊，嗯，是。"也许是为了让气氛更加融洽，其他人都笑了起来。他们没有再就刚才的话题讨论下去，但王艺忠知道，如果那一天到来，象主人一家的生活必然陷入困境。不过对于大象来说，也许能就此不用再拉木头，而过上一种更为自在的生活，倒是一件好事。短暂沉默后，象主人一家又谈起了别的，谈到这次拉完木头之后，又有一段空闲时间，他们得去集市上买一些日用品。昏暗的灯光照在他们脸上，他们黄黑的脸上反射着一层油光。

　　当晚，王忠艺留宿在拉木头的货船上。5月的湄公河岸天气十分闷热，船老大在靠近船舱的地板上给王艺忠铺了床，王艺忠和衣躺了下来，外面一团漆黑，雨一直在下着，他听着雨打在河面上和船顶上的声音，旁边的人累了一天，都已经睡着了，船老大时不时发出阵阵鼾声。王艺忠从一大早出发到现在，一直没有休息过，虽然累了一整天，但他却不能马上入睡。他睁大了眼睛望着黑暗，渐渐的，他已经听不见旁边的鼾声了，耳中只有雨的声音，还有他的血管里血液不断奔流的声音。他想到，在这样的夜晚，在漆黑的森林里，就连惯于夜间行动的动物，恐怕也要找地方避雨了。下这么大的雨，湄公河的水肯定会涨起来的。现在他很怀疑这两头大象，能否及时

象主人为大象披挂拉木头的护具

把这个堆木场的木头都拉上船。

　　他的思绪回到了 2008 年，那年，他第一次用摄像机来老挝拍摄大象。那时候还是旱季，天气酷热难耐，白天室外温度一般都超过了 43 摄氏度，加上空气湿度大，人在这样的环境中，就像在蒸笼里一样。那次，他曾跟随赶象人光罕进入到热带雨林中，用摄像机记录下了大象在深山里拉运木头的全过程。

　　一般来说，从河边的堆木场到原始森林深处的砍伐地，最远距离常常有十几公里。那些进深山里拉木头的大象，一大早就要出发。

它们翻山越岭，赶往需要拉木头的地方。那天早上，光罕早早就起身，他要先去森林里把头一天放进森林的大象找回来。大象一旦被人驯养，对人产生依赖后，就不会也不能完全返回到原始森林中，人很容易就能把它们找回来。光罕把大象找回来后，先用树枝替它打扫了一下卫生，接着在它身上捆牢拉木头的装备，就和另外两个人带上王艺忠一起向山里出发了。

象主人和光罕两个人一人骑一头大象，还有一个手拿砍刀在前开路的赶象人和王艺忠一起步行，除了简单必要的交谈外，他们很少说话，大概为了保存体力。为了拍摄大象在山里行进的镜头，王艺忠一直跑前跑后，仅仅只是开始的一两公里路程，就已让他累得气喘吁吁。

一行人一直顺着山谷往山梁上走，脚下是大象平时拉运木头时拖出的小路。小路崎岖不平，到处是砾石、

第一章
湄公河畔的苦役
Chapter One
The Bitter Labor
on the Mekong
Riverfront

47

大象时常得翻越两三座高山，才能抵达木材砍伐地

为了避免摔倒滑落，大象往往不得不跪地爬行

枯树枝，还有落下来的树叶。巨大的树根在泥土和山石下面盘根错节，树干笔直地直冲云霄，生长茂盛的藤蔓植物借助着树干一直往上攀爬着，以便汲取更多的阳光。森林里弥漫着一股腐烂的树叶和泥土的气味，加上气候炎热，浓密的树林挡住了吹来的风，这股气味更让人感到窒息。

　　光罕说走两个小时就到了，但实际上总共走了三个多小时。王艺忠累得想休息一会儿，但又怕追不上大象。大象的四条腿，就像

第一章
湄公河畔的苦役
Chapter One
The Bitter Labor
on the Mekong
Riverfront

49

被砍伐后的花梨木树桩

流着血泪的树状

四根柱子似的，不停地在地面上移动着，这让王艺忠不得不放弃休息的打算。因为他知道，光罕是不会因为他走不动，就让大象停下来等他的。

终于，在走过一段陡峭的山坡之后，他们进到大雾迷漫的深山中。从山下一路走来，赶象人光罕一直坐在象头上，除了对大象发出少量的指令外，很少说话。这时，他们已经离开了拉木头的主道，开始沿着山坡横向进入更深的密林。在这里，王艺忠看到，一些很大很粗的树已经被锯掉了，只剩下还在分泌着树脂的树桩。这些树脂，有的是红色的，看起来如同黏稠的血一样，正不断地从树桩上冒出来，有的还往外滴着水。这情景，让王艺忠很伤感，他仿佛觉得这些流淌出来的树脂，就是树木被杀死后流出的血，是树木哭泣时落下的泪水。这些树已经在这里生长了几百年，现在却伴随着电锯的轰鸣声，一棵棵倒了下来，千百万年来野性完整的森林，正在变得满目疮痍，眼前的景象让人触目惊心。看到这样的景象，王艺忠感到深深的惋惜。

这时，随着越来越多树桩的出现，王艺忠猜测，已经快要到达伐木场所在的位置了。

"喏，就是前面，马上就到了。"走在王艺忠前面的那个人说，"就在那片竹林里。"

前面的光罕已经驱赶着大象，在一片竹林里停了下来。此时，他指挥着大象，让大象慢慢跪下，自己再从象头上下来。他走到竹林里横着的几根粗大的木头前，和另外两个人把铁链拴在其中一根木头上，再一起把铁链套到大象身上。经过几个小时的跋涉终于停下来的大象，开始用鼻子卷起旁边的竹叶吃起来，似乎想补充一点体力。

这时已经是中午了，但为了赶在天黑前返回，他们还不能休息，光罕要马不停蹄地指挥着大象把木头拉下山去。经过上午三个多小时的跋涉，大象此时看起来已经疲倦不堪了，但光罕却丝毫不予理会，继续坐到象头上，指挥着大象前行。

在林中跋涉拉木头的大象

由于木材过长，不便在林中转弯，大象时常不得不用头来开路

足以承担数吨重物的铁链，在大象巨大的拉力下常常脱扣断裂

在下山的过程中，大象需要时刻提防顺势而下的木材撞到自己

因为拉运的红木木材过长，不便在满是竹子的林中转弯，大象不得不边走边停下来开路。它要用头将挡在前进道路上的竹子和树枝撞开，随着竹子发出的爆裂的脆响声，大象像推土机一样拉着木头把面前的一片竹林推倒了。

王艺忠注意到，每次大象用头撞向竹子的时候，都会犹豫一下，但光罕不让它犹豫，一个劲地用脚踢它的耳朵，让它按照指令办事。

但没走多远，木材最终还是被林中的其他树木卡住。光罕不停地发出指令，让大象前后左右地来回腾挪，如果大象不能及时理解光罕发出的口令，便会立刻遭到愤怒的光罕用斧头、砍刀背的猛烈殴打。

王艺忠再也忍不住了，对光罕说："它只是没有听懂你的指令而已，它又不是人。"不过他知道，自己只是一个旁观者、一个记录者，是不应该干预他的拍摄对象的，但还是忍不住说："你这样打它，它会受不了的。"

但每次王艺忠这样抗议，光罕对王艺忠解释称，他们只是把大象当牲口对待，他们训练大象的时候，也是如此。"你必须表现得比大象强大，大象才会怕你，它才会听从你的指令。"他说，"否则大象是很危险的，它们发起怒来，会把人踩在脚下。"他对王艺忠的恻隐之心不以为然。

好在无论怎么困难，他们一行人终于走出了那片竹林，来到了拉运木头的主道上。主道沿山脊而下，在这里，一不小心木头就会

负重上坡对大象而言更是难上加难，大象每前行不足 10 米就不得不停下来稍稍恢复体力后再继续

　　滚向两边的斜坡，若是这样，可怜的大象就又得更加辛苦了。因为他们必须将木头按指定的山头拖运到山下，才能运到河边。因此，每次遇到木头滑落陡峭的山坡，大象就得拉着沉重的木头往山上奋力前行。此时，大象每走一步都会不由自主地发出凄惨揪心的哀嚎声，每走十来步就得停下摇晃着脑袋喘息。有时木头还会被周边的树木卡住，在这样的情况下，大象的头和鼻子都变成了工具。在象主人的命令下，它有时候拱，有时候顶，如果遇到很陡峭的山坡，大象还得半跪下来，用头把木头一点点推到坡头上，最后再用鼻子把沉重的木头推下山坡。巨大沉重、足有一两吨重的木头，随着大象用尽全力时发出的哀嚎声，带着尘土顺着陡坡滚了下去。

　　如果途中遇到比较湿滑的地方，大象有时候还会跪下来，用膝

赶象人为了赶时间，时常会打骂大象让它加快速度

盖一点一点地往前挪。如果遇到平路、缓坡还稍好一些，如果是上坡，则更加辛苦。当奋力往上拉的时候，它还得用鼻子不时拄在地面，以便让身体保持平衡。

路上没有水源，大象一直都不能喝水，到了下午4点，气温已经达到了一天中最高的时候，暴露在强烈阳光下的地面，被太阳烤得滚烫。整座森林酷热难耐，树干发出吱吱嘎嘎的声音，似乎因忍受不了而不住地呻吟起来。气温非常高，这时王艺忠惊奇地发现大象开始左右甩动鼻子，朝着自己的肚子上喷起水来，原来大象是在用这种方式给自己的身体降温。王艺忠真没想到，大象早上喝到肚里的水现在还能再利用，喷出的水在阳光下闪耀着金光，幻化成一道道彩虹，此景给王艺忠留下了非常深的印象。

大象每天两趟 8 公里往返于沟谷雨林中

这头大象看起来非常疲乏，但刚一停下想休息片刻，赶象人为了赶时间，都会不停地骂它、打它，让它加快速度。

王艺忠知道自己的抗议是无力的，而且此刻的他也因为口渴和疲劳再也说不出话来。早上出来得匆忙，他怕光罕不等他，还没来得及带水就跑了出来，到此时，他也和大象一样早已口干舌燥。他的牙龈流血了，眼睛又胀又疼，浑身发热，让他以为脑袋会就此炸裂开来。口渴难耐的他只好厚着脸皮向赶象人光罕讨水喝。

一直到下午 5 点半，费尽周折的大象与他们才回到河谷。此时，王艺忠双脚肿胀，已经累得再不想往前走一步了。

光罕告诉他，把山上要拉的木头全部拉到河谷只是一段，并不意味着大象的工作就结束了，还得将所有河谷的木头一趟一趟地沿着湄公河的支流拉到湄公河边，再装运到货船上，大象今年的工作才算结束。当然，这一切工作都必须赶在雨季来临之前完成。

夜里雨一直在下，没有停过。王艺忠躺在货船的地板上，听着外面的风声、雨声，就像刮起的一阵又一阵风暴。这种单调的声音终于让他不知不觉睡着了。

第二天一大早，两头大象——麦坤和麦康——又开始干活了。

王艺忠跟着它们来到河滩上，昨夜下的雨已经使湄公河的水涨了起来，人们又重新找到位置把木板搭好。王艺忠看着它们把直径超过 1 米、长达数米的木头，从山坡上拉到松软的河滩。接着，它们又在赶象人的驱使下，用鼻子沿着搭在船弦上的木板把木头推入船舱中。每次它们往上推动木头的时候，都要有两个人在旁边用木楔子抵住木头，防止下滑。船舷位置一般高于沙滩，大象只能借助临时搭起来的木板，用鼻子和脑袋使劲往上拱，把木头顶到船舷上。等木头一到船舷，旁边的人就把铁链套上木头。这条铁链的中部从固定在另一侧船舷的滑轮中穿过，大象把木头顶到船舷上之后，再拉着铁链往相反的方向走，这样木头就顺进了船舱。大象和人就是通过这种方式把木头装入船舱的。这个工作单调乏味，但却没有看到它们有一丝一毫的不耐烦，它们任劳任怨，一次又一次往返于山坡与沙滩，再把木头推入船舱。

花梨木很重，如果是人力，这样一段木头，大概要 20 人合力才

船工用钢绳和滑轮协助大象将木材拖运上船

大象在上涨的河水中将木材拱装上船

雨季来临，可还有无数的木头等着大象

能抬起。而木头并不都是又直又圆的，如果遇上这样的情况，大象就只能小心翼翼，一会儿拱这头，一会儿拱那头，这样才能不让木头从木板上滑到河里。在早已机械化的时代，如不是亲眼所见，真的很难相信，这样的工作在老挝竟然依靠大象来完成。

　　如此持续工作几个小时后，大象终于可以稍作休息了。这时王艺忠看到一头大象走到河边，用鼻子卷起干枯的油棕叶嚼了起来——这是它在附近能找到的唯一可做食物的东西。

　　然而，就快来临的雨季，却不断催促着大象尽快完成工作。坐在象头上的赶象人知道时间紧迫，很是着急，不断叱喝着大象，力图让它按指令正确行事。赶象人发令时，一直是用尖刀挥舞在大象的头顶，以便对大象形成威慑，时而还戳向大象的耳朵。如果大象没有明白他的指令，赶象人还会用砍刀背一边猛力击打大象头部，一边发出威胁的骂声。大象无法反抗，只得害怕地不停摇晃着脑袋和身子，发出哀求的声音，以躲避击打。这样的过程，有一次至少持续了 1 分多钟之久。大象越是摇头晃脑，赶象人就打得越是厉害，嘴里还不时发出怒骂声。

"这样打它，它也会疼的嘛。"王艺忠因难以忍受赶象人这样对待大象发出抗议。但和之前的任何一次一样，赶象人不为所动。当然，王艺忠知道，不管他在不在场，不管他是否目睹了这一切，长久以来，以及以后的很多日子，大象都是被这样对待的，所以他的抗议与这一事实相比，显得多么微不足道。

"大象为你们干活却什么也得不到，这样对它太残忍了。"王艺忠后来对赶象人说。

"大象本来就是要干活的。"赶象人说，"不然要它们干什么？"

"大象在森林里本来就没有任何动物敢欺负它，可以说是万兽之王，现在却沦落为人的奴隶。"王艺忠不由得发出慨叹。

"它们很聪明，力气又大，人才会让它们来干活。如果它们没有这么聪明，笨得不能完成指令，人也不会驯养它们了。"赶象人说完话，对王艺忠咧嘴笑笑后走开了。

两天之后，出乎王艺忠意料，两头大象竟然顺利地把岸边的木头全部装上了船。

王艺忠没想到速度会那么快，但象主人告诉他，他这里的木材，

大象拉着木头在水中艰难前行

被迫提前结束生命
的千年古树，无奈
地倒在湄公河岸

大象从森林中拉
到河岸的花梨木

林业部门工作
人员量方收税

不过是整个红木产区木材数量的九牛一毛。他告诉王艺忠，沿湄公河而下离淘金村 7 公里的地方，可能会见到大象在那里搬运木头。为了拍摄到更多大象劳作的场面，王艺忠辞别象主人，独自一人背上行装乘船沿湄公河继续前行。

大约 40 分钟后，王艺忠看到河岸边的沙地上，堆放着一眼望不到边的木材。王艺忠立刻意识到：这些一定是大象从深山里经过 2 个月的苦役才拉到河边的老挝花梨木。王艺忠找到了岸边停靠的货船船主，向他了解情况。船主告诉他，这艘船的载重在 300 吨，即使岸上的全部木头装进去，也不能把它完全装满。他还告诉王艺忠，要买这样一艘船，大约需要 35 万元人民币。

在这里，王艺忠还认识了在湄公河上做木材中间人的苏莫恩。苏莫恩是个 30 岁左右的年轻人，他上身穿着蓝色的牛仔衣，里面是红色的 T 恤衫，胖胖的脸上总是带着笑意，一副爽朗的样子。他说他一年至少要在湄公河上往返数百趟，有时还跟砍伐者一同钻到深山里看红木，找到木材后就去找中国在老挝的木材加工商推销。然后，再去雇佣有大象的人家，让它们把木头拉出来。他对这一带很熟悉，知道哪里有木材，哪家有大象。他被沿岸的人认为是很有头脑的人，年纪轻轻就能做这样大的生意，很有本事。

"没办法嘛。"苏莫恩笑着，"要养老婆孩子。"话虽如此，但他的言语之间，充满了自豪。

王艺忠到的时候，他们还没有装船，还要等老挝政府林业部门

在沙滩、卵石上哀嚎着前行的大象

的人过来量方交税，要上完税拿到税票之后才能运走。

苏莫恩告诉王艺忠，这些政府部门的人是可以贿赂的，只要给他们一点好处，他们就会把方数算少一点，自然税就少交一点了。

"他们工资不高，总是要想办法多赚一点。"苏莫恩似乎对此表示理解。不一会儿，政府林业部门的人来了。他们拿出卷尺走到木头堆旁量方，苏莫恩走上前和他们打招呼。一个人量，另外一个人在旁边记录，一根一根地仔细地量了木材的方数，算好体积之后，他们把苏莫恩叫到一边去办理相关手续。

这时候，等待在河边的大象，已经可以开始拉木头了。河滩上，有的地方是粗硬的鹅卵石，有的地方是松软的河沙，不管鹅卵石

两头大象要连续苦干四天，才能将货船装满

还是河沙，都增加了地面与木头之间的摩擦力和拉木头的困难程度。大象们不得不用尽全力，才能磕磕绊绊、趔趔趄趄地把木头拉至船边。然后，再解开铁链，用头和鼻子将木头顶入船舱。而当木头经过沙滩连接船舱的两块船板时，经常会失衡滚入河水中。此时，大象就得更加遭罪了，得在赶象人的指挥下加倍地付出体力，低头，下跪，左拱右顶地把木头重新弄上岸来，再顶入船舱。

　　它们一边拼尽全力拉，一边发出阵阵凄惨的哀嚎声。再加上被拖拽的木头在鹅卵石上发出的卟卟声，还有粗重的铁链发出的哗哗

埋头将木材拱上货船的大象

国内红木市场上的老挝红花梨大板

声，真让人有种惊心动魄的感觉。这样的场面，让王艺忠联想起埃及人建造金字塔的情景。

　　"你们一个月能收入多少啊？"午饭空闲时，王艺忠问其中一个赶象人。

　　"不知道，要等全部拉完、装好船后才知道。"赶象人又接着说，"去年干了3个月，差不多每月合你们人民币一两千块吧。"赶象人回答。

　　"那也没有多少啊。"王艺忠说。他心想，赶象人与家人分离，与大象同隐深山数月，这点钱不算多。后来王艺忠才知道，有大象的人家就相当于有货车，货车按重量和距离收运费；而大象搬运木头可不管距离，只按最后拉出来上船的总方量计算。象主人再根据总收入的情况分发给请来的驯象师。虽然红木卖得很贵，但看来在红木产业链最低端的赶象人所得的收入还是有限的。

后来，王艺忠进入老挝湄公河沿岸拍摄时再没有见到大象拉木头。据说，这一带的花梨木已被砍光拉完了。而当他四处打听养象人岩迈扁的去向时才得知：他曾经拍摄的那两头雌性大象——麦坤和麦康，有一头已在一次搬运木头的过程中因铁链绊住了脚，不幸跌下山崖摔死了。

这消息对王艺忠来说简直就是噩耗！内心久久不能平静……

王艺忠走访过一个木材加工厂。老板告诉他，光是他这个加工厂，每年就要运出去 1000 多方木料。他告诉王艺忠，有段时间中国对花梨木的需求量特别大，运来的木材，几乎随便放几天价格就涨了起来。钱来得如此之快，他做梦都会常常笑醒。

中国的红木市场，是从 2005 年起开始兴旺起来的。东南亚国家的大量木材主要运往中国的浙江和广东，中国是花梨木最主要的消费市场。短短几年之间，红木的价格就从每吨几万元上升到几十万元，特别是花梨木的树瘤。那个时候，在市场上，一棵大的花梨木能卖到一百多万元，这些木材常用于制作高档家具。

做红木生意利益巨大，这驱使越来越多的人，走入森林寻找红

游客交 40 美金便可骑大象游玩 10 公里

第一章
湄公河畔的苦役
Chapter One
The Bitter Labor
on the Mekong
Riverfront

73

木。但近年来，随着红木数量的减少、中国政府反腐力度的加大，再加上老挝政府对红木资源管控力度的加强，木材生意已不像过去那样火爆，已经出现了一些大象无木材可拉的情况。但这并不意味着大象可以重返森林。很多大象的主人开始让大象转换角色，在泰国它们进入城市沿街乞讨或者加入马戏团；而在老挝更多的大象开始进入旅游行业，专供游客骑乘。因此可以说，人类对大象的奴役，还远远没有结束。■

也许我孤陋寡闻，妄下结论。但，我还是要坚定地说："这是世界上专为一种动物举办的最隆重、最恢弘且最具民族风格的节日。"

在乐师的引导下，聪明的小象摇头晃脑地边唱边起舞

CHAPTER TWO OKPANSA OF THE ELEPHANT COUNTRY
第二章 万象之国的大象节

也许我孤陋寡闻，妄下结论。但，我还是要坚定地说："这是世界上专为一种动物举办的最隆重、最恢弘且最具民族风的节日。"

我知道西班牙有"斗牛节"，孟加拉有"宰牲节"，都名扬天下。但那都不属于动物自身的节日，反倒是它们的灾难日。然而，老挝沙耶武里的"大象节"则不然，整个节日的一切活动都围绕着大象，它不但传递给人们浓浓的情、真切的爱，更彰显了万象之国那恢弘大气、绚丽多彩的民族之风。

老挝古称"澜掌"王国，意为"万象之国"。在古代，大象被视为"神"，象征着力量、精神和智慧。沙耶武里省是整个老挝大象最集中、数量最多的省份。2007年沙耶武里省在虹沙县的望乔村举办了老挝的首届"大象节"。此后，为促进旅游业的发展、保持民族优良传统和保护大象，老挝每年在沙耶武里举行一次"大象节"。2015年已是第九届了，据

万象之国大象节盛典

来自沙耶武里省各县市的 60 余头大象汇集在主会场周围

官方公布数据，参与此次盛会表演的大象 66 头（民间数据 69 头）。

　　当然，这个节日也是我参与过的最感慨、最纠结、最欣慰、最具民族风的节日。感慨的是：本该在丛林里自由叱咤的庞然大物，不知何时却沦为了人类的家奴，任人摆布。纠结的是：至今还有数以千计的大象为满足人类奢华家装的需求，被迫在林区帮助人类自毁家园。欣慰的是：这里的人们开始有了爱护动物、保护生态的意识，且还为它们创立了一年一度的属于自己的节日。

　　早就想参与感受一次老挝的大象节了，一直苦于得不到准确的日期而放过了数年的机会。这一次多亏一位旅居老挝的朋友提前通知，才得以圆梦。

　　自驾车从昆明至西双版纳。2015 年 2 月 11 日在西双版纳的景洪市邀约了两位当地摄友一同前往。为了感受自然，节约经费，我们带

磨憨口岸

昆曼大通道，老挝国门

看王艺忠摄影《象奴》

有无数的大象被训化、奴役，瘦骨嶙峋，状如标本。

它们的活计：从山中把巨大的原木

搬运至湄公河上，一次又一次。

它们丧失了群居的机会，一生没有配偶，

断子绝孙。这么庞大的生命，肉做的起重机，

它们也有力量和意志彻底用尽之时，

斧头、棍棒和刀背，就会重击在头颅和臀部。

它们曾是宗教里的战神。

它们都能预知生命终结的日子，临死之前，

就会踏上把灵魂送往天国的神圣之旅。

没有人见识过它们的墓地。

现在，一切都被取消了，包括自由的山野。

它们弓着腰，像拖着整个世界的尊严

连同我内心仅剩的一丝孤傲，偷生人世。

——偶像之象，象征之象，我宁愿它们活在外地，

我甚至希望它们永远地消失了，

如一些被秘密处死的人。看着它们现在的样子

我像一个云游归来的老僧，目睹着

一座座寺庙，变成了刑场或牢狱。

——雷平阳

上了睡袋、帐篷等户外用品（老习惯）。从勐腊县的磨憨口岸出境，我们的边民证、边境证、护照及交通工具都可以从此口岸出境到老挝各地。因为它是我国唯一通往老挝的陆路国家一级口岸。

进入老挝后，我们选择了另一条通往沙耶武里的路（琅勃拉邦那条路正在修，耗时较大），乌多姆赛—把边—过湄公河到勐恩县—虹沙县—沙耶武里。其实这两条路差不了多少，只是这边车辆少一些，路况也好一点。

其实，早年我拍《生活在金三角的人们》①《象奴》等专题时，老挝的北部四省及沙耶武里的路都不知跑了多少趟。因为，老挝是一个多民族国家，共有68个民族。其中部分还只是部族或部落，如老瓦、老努、老埂、巴拉、西达、老毕、老桑坦等，这些部族或部落大都以农耕或游牧为生，他们在长期的迁徙和演变中，有的已被其他民族融合或同化，有的已经解体或正在消亡。因此，10多年来，可以说老挝北部的少数民族是我摄影长期关注的创作对象，是不会间断的。

在集市上买了一点糯米饭和烤鱼烤肉、酸菜什么的，以备晚餐。

---

①邓启耀教授在看过《生活在金三角的人们》后曾感慨到："在这个以全球化名义开始的新一轮掠夺中，"我们"也插手了。据王艺忠最近的影像资料和我自己的初步了解，现在，不差钱的中国商人（包括某些有权力这样做的人），已经把手伸出去了。特别是那些在国内禁止从事的"行业"，如赌博、卖淫、砍伐森林等，都正在以新的面目和国际接轨：赌博叫特色旅游，人妖和色情表演叫人体艺术，砍伐森林叫绿色产业⋯⋯惊愕之后，我产生了一些问题，很迂的问题：当我们庆幸自己终于"阔了"，可以气宇轩昂地跨国投资的时候，我们选择什么作为？可持续的还是一次性的？别人土地上的生态与我无关？我们的奢华是否来自他人、他乡、他年的透支？当我们自得于"风水轮流转"，也可到别人土地上捞一把的时候，我们有没有闪过一丝愧疚？掠夺、奴役，这些过去我们用来指责老殖民主义者的词，现在是否也可以用到我们自己头上？奴役人是罪恶，奴役动物是不是罪恶？⋯⋯"

沿途我们走走停停，碰到感兴趣的村落就进去拍一阵子。这样的拍法大多是碰运气，好片不多，更多的算是社会变迁的历史资料。

近年来，中老两国经贸合作发展迅速，大量的中国公民、企业到老挝开发、创业，使得老挝现在的村容、市貌都发生了较大的改变。当下，可以说老挝的每一个县都有中国人开的商铺和旅店，甚至还创建了中国街。不少中国人还在当地娶了老挝媳妇、生子，安下了家。正所谓当今世界无处不在演绎人口大迁徙的潮流。

一位湖南籍的商人介绍说："中国来老挝做生意的算我们湖南的最多，都超过 15 万人了。过去老挝人很穷，还是我们过来把他们给带富起来了。"

我笑着说："应该是老挝人把你们给搞富了，你们来这里把人家的钱都赚走了。"

湖南商人大笑："彼此彼此。"

记得早年间，我就听说过这样一个故事：湖南人刚到老挝淘梦时，经常遭到当地生意人的排外欺负，为站稳脚跟，他们团结一致奋力抗争、抵制，一度发生过武力冲突、群殴事件。老挝出动警察试图平息，结果居然被湖南人把枪给缴了。搞得老挝政府不得不下令，要求所有关口执法人员学会识别护照上的"湖南"两个汉字，禁止湖南人入关。

千里迢迢，背井离乡，命运多舛，几家欢乐几家愁，人性中的善恶美丑也得以彰显。人口流动，是当今国际背景下的大趋势，必定要促进接纳国的风俗、经济、文化、政治等层面的融合与碰撞。只是作

夜宿森林边

老挝原住民村落

通向大象节会场的街道

为接纳国，除了可印证为经济上的崛起外，如何容纳异域淘梦者，怎样处理好由此产生的各种矛盾是当地需要着重考虑的课题。

晚上老挝时间8点（中国北京时间9点），我们已过了巴本、湄公河、勐恩、虹沙。在距沙耶武里50余公里的山林公路边，找了一块空地用餐、宿营了。

不想错过晨雾山寨的美景，天不亮我们就起来收拾行装上路了，边走边拍。

上午8点（老挝时间），我们终于抵达了沙耶武里市的城郊。小卖部、早点摊都挂上了老挝国旗，街道也打扫得干干净净，已经感受到大象节的临近。

摄友提议先解决肚子问题再进城，于是我们又享用了一餐生菜、薄荷、豇豆、小米辣搭配的老挝河粉。河粉味道还行，就是数量少了点（只有国内的半碗），也许人家老挝人比咱中国人天生就吃得少。一结账，如果是初来乍到的中国人准吓一跳，1 碗河粉 15000 老币，加上 2 瓶啤酒，3 人的早餐共花去 65000 老币。数字挺吓人，一换算，相当于人民币 50 元，不过此价格对于老挝人民来说，还是有点高了。

"大象都集中在什么地方？"我用老语问老板娘。

"一直走，碰到岔路左转，过了大桥就看得见了。"老板娘回答。

按照老板娘的指示，不到 10 分钟我们的车就驶上了大桥，远远地就看到桥的两边有无数的大象在两块平而宽的空场里游走，空场内长有不少椰树和叫不出名字的树木，里面已经聚集了不少来看热闹的人和车。

找了个车位停下，交了 2 万老币。我们约定，2 小时后回到停车处汇合。说实话，我也是第一次看到如此之多的大象集中在一起，还有不少特意赶来过大象节的本土游人和泰国游客，坐在象背的座椅上优哉游哉地散步。我们各自整理了一下自己的"长枪短炮"，便消失到空场的人流象群中去了……

9 点半左右，会场的高音喇叭传来了几句没听清的老语，大象们在象夫的指挥下慢慢地排成队。一打听，原来今天要进行大象节开幕入场式的演练，真是来得早不如来得巧。欣喜之余抓紧拍照。不多时，象队两旁便簇拥了无数看热闹的民众，跟随象队，我缓慢地步向会场。

会场内早已站满了学生、各企事业单位以及身着盛装的各民族方队，其中还有一辆装饰亮丽的龙舟彩车。这些方队早已按照出场的顺

义工们在节日期间可免费骑大象游玩一次

序站在原地，就等主席台上"演习开始"的最后发令。

终于，入场式演练开始了。彩车打头，各方队载歌载舞地紧跟其后，所有参与演练的队伍依次从右至左地环绕主席台，最后经过主席台的是 69 头浩荡壮观的大象纵队。由于是演练，不少民众纷纷跑至大象跟前相互用手机拍照留念。

上午 11 点 30 分，演练结束。兴致未尽的民众，开始掏钱体验象背上趾高气昂、居高临下的滋味。东奔西跑、汗流浃背的我们，已感

大象节入场演习，亲朋好友可以坐到象背上体验一把

疲惫，决定还是先到会场外把肚子问题解决了。

　　会场外的街道两边早已布满了配合大象节的各类摊点，当然饮食居多。也许老挝人特别喜爱音乐，几乎 60% 的摊点都专门摆放了巨大的组合音响。在震耳欲聋的老挝歌曲甚至摇滚声中，我们要了啤酒、老挝特色烧烤及糯米饭。

　　饭后，我们穿梭在人流中，经过无数的摊点。我惊讶地发现，这里不但有专门搭建的儿童游乐场、文艺表演舞台，还有成规模的地方

开幕式上的龙舟彩车

游人少不了与大象合影留念

商品展销会。我不停地观察、构图、按快门。短短数百米，又见铺满广告的老挝啤酒、可口可乐开设的营销摊点，看得我们眼花缭乱、目不暇接。真可谓吃、喝、玩、乐、购应有尽有，好不热闹。

黄昏，听说汇集到这里的大象，主人一天至少要让它们下河饮水洗澡三次（早、中、晚）。当大象第三次饮水洗澡后，有80%的大象将被放回到附近的山林中自行找食，补充第二天的体力。得知此情报后，我们又像打了鸡血似地跑到河边迎接今天最后一次拍摄战斗。

夜幕降临，为了更细致地了解拍摄大象与主人的生活细节，我提前就与两位摄友沟通好了，不住宾馆。晚餐后，我们在象群活动场的周边找到了一个僻静处扎营，准备露宿。

沙耶武里的夜生活开始了，地

面的小礼花混杂着各色彩灯将夜市的人声、音乐声送上了夜空。奔波了一天的我们无心再去凑热闹，各自打开电脑，开始倒片、充电，回顾战斗了一天的收获。

呜哇……呜哇……

一大早，这悠扬悦耳、仿佛来自遥远天国的牛角号又吹响了，这是特为大象而奏响的音乐。在晨雾的笼罩下，露宿郊外的大象从四面八方开始慢慢地汇集到河岸的空场。

洗完澡的大象各自回到主人家的营地旁，悠闲地吃着芭蕉杆，等待着主人一家用完餐后为自己着装、打扮，然后再开始一天的载客游玩赚钱的工作。

"你们带着大象来参加活动，政府有补助吗？"我问。象主人答："有，听说每头大象好像给 200 万还是 300 万（相当于人民币1500—2300 元），我不太清楚。"

"知道沙耶武里一共有多少头大象吗？"我接着问。"不清楚，但我们省肯定是整个老挝大象最多的省。"象主人答。

是啊，早就听说沙耶武里省不但集中了老挝 75% 的养殖大象，还是老挝最大的野生象群栖息地之一。

我拿着相机四处寻找着自己想要的画面。透过镜头我发现，有的大象只有一颗牙，有的两颗牙都被人锯断；有的苍老、憔悴……这让我不由自主地回想其曾经在湄公河流域跟踪拍摄数年的那些拉木头的大象，那一幕幕惨不忍睹且伴随着大象哀嚎声的画面从我眼前一幅一幅地掠过。

令我不解的是,拥有如此庞大身躯、力大无比的偶像,曾经的战神,怎么会被驯化为人类的家奴呢?

据说,亚洲象智商很高,性格善良而温顺,容易被人类驯化。有资料显示:人类驯化大象的历史可以追溯到 5000 年以前的印度北部。当时,为了减小捕猎者的危险,人们用大象来观察和接近猎物。后来几乎所有产亚洲象的国家都将其驯化为家畜,用于开荒、筑路、伐木、搬运重物等,被誉称"活的起重机""活的铲车"(每只亚洲象可抵20—30 人的劳动力)。

森林资源十分丰富的老挝,盛产桧木、柚木、花梨木、紫檀等许多名贵木材。2000 年后老挝红木在国际上日益受到喜爱和追捧,导致老挝森林资源遭到过度开发,甚至乱砍盗伐的现象十分严重,致使数以千计的大象被驱赶到林区搬运木材,成了惨不忍睹的象奴。

据调查,老挝森林覆盖率曾经位居世界前列,占到国土面积的70%,但截至 2010 年已降至 40%。老挝森林面积急剧萎缩,使得亚洲象赖以生存的环境不断缩小。这不仅将野生亚洲象推向绝境,也使过去活跃于各地大林区采伐场上的数千头大象同它们的主人一样,失去了"职业"。如今拥有大象的老挝人已经开始不太愿意饲养大象了。因为,越来越多搬运木材的大象开始变得无事可做。

2015 年 2 月,老挝政府为了防止事态恶化,出台了加强木材管理实施细则:"在全国范围内,禁止任何企业向百姓收购珍贵木材,

象主人每天最少要让大象到河里洗三次澡

老乐师一天要吹响几次特为大象奏响的牛角号。号声悠扬悦耳，仿佛来自遥远的天国

以防止破坏林木；不许原木、方木、锯材、树根、树瘤及观赏植物等
未成品出口，需加工成成品后方可出口；如检查发现各级政府有违法
合谋开采、买卖木材，以及海关工作人员有内外串通或违法批准出关
的现象，将严肃处理；国内外经营者如非法买卖木材，将严格按法律

目睹如此苍老憔悴的大象与同伴相遇的场景，你不得不为它们的真情所动。它们似乎真的是
在用语言相互慰藉对方的愁苦之心

法规进行处罚等。"

　　1997 年，亚洲象被国际自然保护联盟 (IUCN) 列为濒危物种。中国也将其列为国家一级保护动物。野生亚洲象种群数量从 19 世纪早期至今已经下降了 97%，而且一直呈下降趋势。据统计，现在野生亚

巻鼻肖像

今天是大象节开幕式，象主人特别认真地为大象洗澡

洲象数量大约为 28000—42000 头。有关专家说，其中除了驯养劳作导致的生育率比较低外，人类对土地的侵占所导致的亚洲象栖息地的丧失，被视为亚洲象生存的最大威胁。法国亚洲象组织的创立者吉尔斯·毛瑞尔说："未来 60 年里，如果再不采取保护措施，老挝的大象将会濒临灭绝。"

希望老挝政府出台的以上这些管理措施，能对老挝珍贵的生态资源及亚洲象的保护真正起到积极的作用。

今天是大象节的第 3 天（共持续 5 天），听说所有的大象要上街游行，绕城一周。不敢怠慢，收拾好享用了一夜的帐篷、睡袋，我们又拿起"武器"跑到大象聚集的场子里抓镜头去了。

"3万老币（25元人民币）骑大象留影，5万老币（40元人民币）骑大象散步。"象夫高声吆喝。

"甘蔗2万老币一捆，买给大象吃啦！"小贩反复地叫卖着。

游人们开始响应，整个场子凡是有象的地方都簇拥了不少人群。五花八门的手机、相机、平板电脑都在以大象为背景相互留影拍照。有给钱大象的，有买甘蔗喂大象的。不远处，传来观众阵阵欢呼声。我冲过去，钻进人群中，原来憨态可掬的一头大象、两头小象在乐师们吹打的芦笙、锣鼓声中摇头晃脑地边唱边起舞。

看得出，大象几乎受到所有产地国的热爱。特别是在老挝，它更

第二章
万象之国的大象节
Chapter Two
Okpansa of the
Elephant Country

101

驯象师日常训练最多的是让大象抬头卷鼻摆造型

路人给大象纸币作为节日的红包，然而却落入了象主人的腰包

路人纷纷用手机为大象拍照

万象之国的大象节
Okpansa of the
Elephant Country
Chapter Two
第二章

103

是人们心中的吉祥物。

早9点，大象游行的队伍就要出发了。每头大象的座椅上都坐满了人，不知道今天骑大象游街的价格是多少。听说，象主人的家属是免费的，还有脖子上挂着工作证坐在前边10多头大象上的年轻人是免费的，因为他们是节日活动的义工。其他的人估计要自掏腰包了。

浩浩荡荡的象队出发了。步伐并不是想象中的那么快，走走停停，因为街上车多、人多，还有红绿灯。一眼看不到尾的象队，一部分被滞留在了大桥上。桥上的看客们趁机与大象合影，有的还拿出钱来逗引大象，目的是想看看大象是怎样用鼻子将这薄薄纸币拿起来并递给骑在头上的主人。当然，当象主人得到钱后也会命令大象低身点头或卷鼻抬头，敬礼给客人以表示谢意。

十字路口，交警忙个不停。后来警察不得不令所有车辆停下，让象队完全通过后再放行。沿着环城路，象队走到横穿主街道最长的北端路口，准备穿城而过。主街道两边早有不少市民、游人在等待象队到来的精彩时刻。不知为何，象队还是走走停停（看不到头）。

象队所到之处，总有不少妇女、老人站在街边双手合十，虔诚地注视着大象，嘴里还在默默地念叨着什么，似乎是在为大象祈福。不少人赶用手机为大象拍照，为自己留影。沿途还有人往背上爬，也许他们与象主人是老朋友。

走啊走，拍啊拍……孩子们也高兴地跟着大象边叫边跑。

数公里后，我们一会儿跑前一会儿跑后的，也觉得有点累了，便

大象即便趴下，苗族大姐上去也不易

自作聪明地估算着大象可能经过的路线，想抄近路。于是我们改变路
线去寻找新的拍摄点，半个小时过去了，还不见象队的踪影。按耐不
住的我，只好求助当地市民。"大象是否要经过这里？"一连问了几
个人都说不知道。无奈，只好回转至十字路口问交警，结果才得知象

万象之国的大象节
Chapter Two
Okpansa of the
Elephant Country

第二章

105

大象向路人敬礼，将所得的钱交给主人

队不走回头路。啊！一闪念：可能要错过大象过河的精彩镜头。因为绕回到河边大概还有 2 公里，估计时间已经来不及了。万分懊恼的我们心有不甘，不得不加快步伐往河边赶。

一路小跑，汗流浃背，20 分钟后我们终于来到河边。可能是上

开幕式的头一天，69 头大象载客结队绕城一周

ด ใຫ້ສິດ ເປັນມິດກັບສິ່ງແວດລ້ອມ ເປັນ

象队绕城后回营地

苍的眷顾，不忍让我们失望，刚到河边，就看到河对岸远远的几十
只身着盛装的大象，驮着游人朝河边走来。终于，我们还是抓住了
机会。

　　午后，亚热带的太阳开始发威，人群逐渐散去。我们简单吃了一

万象之国的大象节
第二章
Chapter Two
Okpansa of the
Elephant Country

109

大象节期间参加选美大赛的佳丽

点当地人卖的烧烤和糯米饭后，又转到养象人的家属群中与他们聊天采访。

　　夜晚，我们跟随当地人到会场的右侧，观看了民间歌舞及沙耶武里省的选美大赛。说实话，我还是第一次在异国他乡看到如此浓郁、充满民族特色的文艺晚会和青春靓丽的 T 台视觉盛宴。

回到住地，星星早已布满了天空。空气中弥漫着大象粪便浓烈的味道，不远处传来阵阵巨大音响播放的异国歌声与民间音乐……

早上 8 点，炊烟、薄雾缭绕着大象聚集的空场。

放归森林的大象，被各自的主人一头头先后找回，并将其带入河中洗净身上的尘土，而后再带回喂食芭蕉杆。几天观察下来，这好像已经是固定程序了。

为了方便照料大象，象主人及家人大多都在这空场就地搭棚露宿。少的五六人，多的 10 来人聚在一起，女人做饭、洗衣服，男人负责大象的一切活动。

象主人一家开始早餐，大象也在一旁啃食着芭蕉杆。大象的食量惊人，一般一头成年大象每日的进食量 200 公斤左右，饮水量 70 升左右。怪不得有些象主人用卡车整车整车地运输大象的粮食——芭蕉杆。

给大象披毯、挂彩、贴号、插旗，象主人各显神通，精心地为自己的爱象打扮着。今天是大象节开幕式，听说还有国家重要领导人出席，想必大象的主人都想为自己的爱象多争取些回头率和关注度。

渐渐地，人们开始向大象汇集的场子聚集。有成群结队、打扮时髦的当地青年男女，有携家带口的各族百姓，有远道而来的僧侣、外国游客……

清晨象主人从森林里找回大象

顽皮的大象将头潜入水中，差点儿将为它洗澡的象主人弄入水中

携家带口的老外也到场凑热闹

　　忽然，我发现众人的目光朝一个方向汇聚，原来是参加选美大赛的佳丽们过来了。她们一个个身着艳丽的老挝宫廷少女盛装，头顶、耳朵、脖子、手腕都挂满了各式饰品，真可谓珠光宝气、婀娜多姿。当她们来到象台（搭给游客骑大象的高台）时，一个个开始拿出手机以大象作背景自拍留影。当然，也免不了被围观的民众抓拍一阵。

　　太阳出来了，看热闹的人们、参加入场式的学生及身着红衫神采奕奕的象夫们都过来了。参加选美的佳丽们站在象台上，开始以两人上一头大象的方式坐到了象背的椅子上。地面上围观、拍照的人越聚

选美佳丽与象夫合影

越多，都在抢着为自己留影。

高大威武、性情温顺善良的大象，在产象国被视为力量、威严和吃苦耐劳、任劳任怨的象征。大象是富有智慧的，经过驯化的大象甚至能听懂驯象师发出的上百个单词。当然，它们也会使用人类听不懂的声音互相联络。

长长的象队在众人的簇拥下整装待发，颇为壮观。我的血液似乎也随着入场式的临近开始加速，忙前忙后不停地四处抓拍。

象队慢慢地向前移动，距离会场大门还有 300 米的行程，数名交

象队出发至开幕式会场

肩挑、手捧精心编制的佛教贡品，祈愿大象与人类和谐共存

　　警分段在为象队开路。混杂在人流中的我，举着相机紧跟着象队，朝
着会场的大门不断迈进。会场入口有数名军人把守，看热闹的民众被
拦在了会场的外围。我边走边拍，与象队一同进入了会场。

　　场内各方队比演练那天更加绚丽，人气更加高涨。我急速地穿梭

戴着面具，领着鬼神出场的民间方队

在各方队之间，寻找着拍摄对象。忽然，一位手执老挝国旗的中年男子看到我的镜头对着他时，立刻满怀喜悦地行了个军礼。特别令我感到意外的是，我发现了一群浓妆艳抹的人妖方队。他们有的身着少数民族女装；有的脖挂听诊器，怀抱塑料仿真婴儿，装扮成白衣天使。

大象节开幕仪式现场

我有点纳闷，难道他们还渴望有孩子吗？转念一想，不对，他们的扮相分明就是在告诉众人：关心下一代的健康，就是关心国家的未来！真有创意，不愧是方队中真正的奇葩。

随着主席台上两位一男一女主持人的解说词传来，入场式开始了。国旗、彩车、民族、人妖等各方队朝着主席台依次前行。当壮观、浩荡的象队出场时，看台上的人们似乎都站立了起来。主持人按照大象出场的序号，向来宾观众一一介绍着它们的姓名、年龄及来自何地……

民间队的老人们，肩挑、怀抱着精心用鲜花、蕉叶制的佛教贡品，载歌载舞；

九位高僧为参加大象节的领导与民众诵经祈福

第二章
万象之国的大象节
Chapter Two
Okpansa of the
Elephant Country

121

两位手持法杖、头戴面具、身披
无数彩条的法师带领着村民，敲
锣打鼓地将 3 米高的竹编、纸糊、
彩绘的图腾向会场展示；身怀绝
技的民间老艺人，带领着几个弟
子边走边舞弄着双剑，感觉像我
们的武术节目……

　　入场结束后，庄严、神圣的
大象节开光仪式就要开始了。所
有参加入场式的方队和观众都站
到了规定的线外，在宽敞的空地
中央早已铺好了一块百余平方米
的红地毯，地毯后方矗立着一个
近 5 米高，用竹子、蕉叶、鲜花、
棉线等制作而成的巨大宝塔，看
得出大象节将按照佛教传统的开
光仪式在这里举行。

　　主席台上数位政府官员携夫
人带着贡品缓缓步入红地毯，工
作人员忙着摆放贡品、布置场地、
安排座次。不多时，披着黄色袈

第二章
万象之国的大象节
Chapter Two
Okpansa of the
Elephant Country

123

老象与小象在乐声中面对主席台放歌起舞

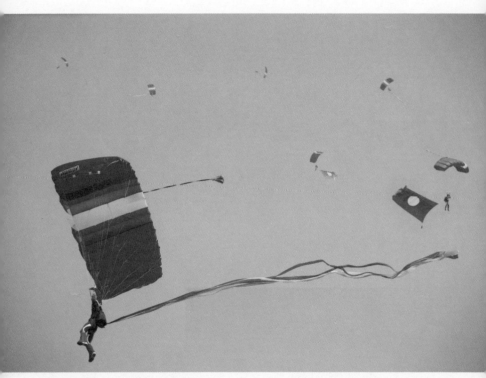

从天而降的跳伞队为开幕式又增亮点

　　裟的九大高僧赤脚走过来了，记者们一拥而上围成半圆，架好机位等
待着。

　　九大高僧依次盘腿而坐，一卷白色棉线从第一个双手合十的高僧
手上连到最后一个高僧，再围着参拜的政府官员及夫人们绕了一圈。

万象之国的大象节
第二章
Chapter Two
Okpansa of the
Elephant Country

125

步入会场的象队与象夫

台上台下上万名观众的目光都聚焦到了这里。

诵经开始，大约 5 分钟后，几头大象被象夫拉着匆匆来到了参拜者身后。有人迅速用白色的棉线将大象与象夫围绕了起来。约 20 分钟后，庄严神圣的大象节诵经仪式结束了。高僧、官员及夫人们起身

各民族方队依次进入会场

人妖方队无疑是大象节开幕式上一朵最亮丽的奇葩

方队入场

第二章
万象之国的大象节
Chapter Two
Okpansa of the
Elephant Country

129

在主席台前展示民间传统的刀术与高跷队

开幕式上接受检阅的象队

开幕式当天，通往主会场的竹桥已不堪重负地垮塌了

去为身后的大象拴线祈福，照相、给钱、喂甘蔗给大象吃。记者们纷纷冲上前去抢镜头。

当诵经、拴线仪式结束后，场地里留下了一头大象与三头憨态可掬的小象，它们面向主席台，在主人和乐师的配合下摇头晃脑、抬脚卷鼻地表演了一段精彩逗人的大象舞蹈，其中还有一头小象用鼻子转起了呼啦圈。它们的舞蹈博得了观众阵阵欢乐的笑声和掌声。

接下来，工作人员在场地中央铺了一块巨大的白布。不一会儿，台上台下的人都抬头望向了天空，原来是跳伞表演开始了。远远的、慢慢的，由小变大，由大变得清晰。喔，还有不少是女的。一批接着一批，对着场地中央巨大的白布缓缓降落。身后有的飘着国旗，有的飘着长长的彩条。

两位僧人也按耐不住，花钱体验了一把象背上的滋味

万象之国的大象节

Chapter Two
Okpansa of the
Elephant Country

第二章

133

最终，老挝本土的跳伞表演队，约有一半的队员落到了白布上。

开幕式结束了，欢乐、热闹的大象节活动还在一项接一项地进行着。

听说，老挝总理通邢·塔马冯以及来自其他省份的官员、老挝全国各地和泰国的数千名观众参加了开幕式。本届大象节从 2 月 6 日到 2 月 15 日，历时 10 天，活动期间还有地方商品展销会、国内外歌手演唱会、省内各县选送的文艺表演、拳击比赛、美食烹饪比赛等。

在返回途中，大象节无数活动的场景还在眼前一幕幕闪现，而我慢慢地陷入了沉思：大象节到底让我看到了什么？举办它的意义又何在？

我曾经目睹、记录了大象在林中拉木头时的艰辛过程，见证了大象由于没有听懂主人的指令，而被主人用尖刀戳耳、斧头砸背的悲惨遭遇，并将影像、文章命名为《象奴》发表，为其鸣冤叫屈。这次同样又亲临沙耶武里，目睹、拍摄了大象节的盛典活动。节日期间，人们为大象披红挂彩、精心装扮，让它威风浩荡地出场、游城；开幕式上九大高僧集体为其诵经、开光祈福；主席台前，众官员、百姓争着为其拴线、祈祷，祝愿它健康长寿……

被人类奴役了几千年的大象，今天为什么会得到如此关爱、呵护甚至崇敬？它们的待遇为什么会有如此大的反差，且都发生在同一国度？我以为，无论是曾经威猛的战神，还是如今悲惨的象奴，它们的过去、今天甚至未来的命运，都取决于人类文明的程度。人类文明的最高境界应该是：人与动物、自然都能和谐、平等地相处在这个地球上。但愿所有产象国人民都和老挝人民一样，永远关爱、呵护甚至崇敬这些曾经为人类任劳任怨的家奴——亚洲象。

感谢沙耶武里为大象创立并举办如此隆重、盛大、精彩的"大象节"！

感谢老挝人民让大象每年都有一次与同伴相聚、共度的快乐时光！■

大象节落幕后

现在，地球上象类家族中只剩亚洲象和非洲象还生存着，它们生活在热带、亚热带丛林中，但是人类对环境的破坏以及对野生动物资源贪婪的掠夺，使亚洲象和非洲象正在遭受着灭顶之灾。

亚洲象被国际自然保护联盟 (IUCN) 列为濒危物种

CHAPTER THREE DO YOU KNOW ABOUT THE ELEPHANT?

第三章 你了解大象吗？

　　象是陆地上最大的哺乳动物，属于长鼻目，只有一科两属三种，即象科，非洲象属和亚洲象属，其中非洲象有两种，即普通非洲象（也叫热带草原或灌木象）和非洲森林象。亚洲象只有一种，叫印度象。象属群居性动物，一般以家族为单位，由雌象做首领，每天的活动时间、行动路线、觅食地点、栖息场所都听从雌象指挥。成年雄象只承担保卫家庭安全的责任。

　　雌象的孕期大约为 22 个月，是哺乳动物中孕期最长的，要每隔4—9 年才能产下一仔，双胞胎的情况极为罕见。幼象出生时体重为79—113 公斤，大约到 3 岁时才断奶，但会和母象一同生活 8—10 年。头象和雌象会一直生活在一起，而雄象一般在青春期离开象群。

　　象的平均寿命约 70 年，栖息于多种环境中，尤其喜欢丛林、草原和河谷地带。它们以植物为食，食量很大，每天要吃掉约 200 公

斤食物。象牙是防御敌人的重
要武器，象鼻是最灵巧的部分，
就像人的手一样，可以用来完
成多种工作，耳朵像扇子一样，
通过不停地扇动来散热。象的
视觉较差，主要是由于象的睫
毛比较长影响了视力，但象的
嗅觉和听觉灵敏。

　　大象是用次声波来进行远
距离交流的，它能辨认出其他
100多头大象发出的各种声音。
象对于它们之间如何联络的记
忆也相当持久，有人做过实验，
把一头已经死了两年的大象的
声音播给它的家庭成员听，它
的家庭成员仍然会回应。

　　大象的皮肤并不像人们想
象中的那样厚，所以它们在炎
热时喜欢洗澡，还经常把泥浆
涂在身上，以抵挡紫外线。它
们觅食的时间一般是早上和黄

第三章
你了解大象吗？
Chapter Three
Do You Know
About the
Elephant?

139

晨浴后的大象

昏，吃的食物包括野草、树叶、灌木、水果、树皮以及树枝。象通常每天要走 16—18 个小时去寻找食物和水源。对于一个野象群来说，它们的活动范围一般要有 650 平方公里，而且一般情况下，为了寻找食物，它们不会在一个地方待很久，客观说来这样的采食方式可以避免对森林过大的破坏，因此它们的生存空间大小由 14—3120 平方公里不等。

目前发现的最早的象类化石是 5000 万年前的始新世的，那时的大象与现在的大象大相径庭，主要有始祖象、始乳齿象、古乳齿象。它们身材较小，只有约 3 米长，1 米高，鼻子也比较短，大概只有几十厘米长，但用于防御和攻击的象牙已经比较发达，只是还没有伸出嘴外。

过去人们认为始祖象是象的祖先，但是近年来很多科学家开始否认这种观点，因为当时的始乳齿象已经有了明显的象类特征，所以大象最早的祖先还应生活在更早的年代。然而奇怪的是，在距今约 3400 万至 2400 万前的渐新世地层中，没有发现任何象类化石，因而对人来说，大象进化中至关重要的一环仍然是个谜。

随后的中新世，即约 2400 万至 530 万年前，大象的模样已经和现在差不多了，而且分化成了乳齿象和恐象两类。乳齿象包括嵌齿象、铲齿象、轭齿象等许多种类，它们身材略小于现代象，鼻子也略短，但是很多种类有上下门齿的四根长长的象牙。恐象的象牙更奇特，上门齿退化消失，下门齿却弯曲向下呈钩状。恐象的鼻子

你了解大象吗？ 第三章
Chapter Three
Do You Know
About the
Elephant?

141

只能够到膝盖，但有的种类身材巨大，体重可达 14 吨。但它们不是现代象的祖先，最后的恐象已于距今 200 万年前灭绝。中新世晚期，乳齿象类中的一支，又进化出了一种叫剑棱齿象的古象，它们是最早的真象类，样子几乎和现代象一模一样。真象在上新世（530 万至 180 万年前）和更新世（180 万至 1 万年前）进化出了古菱齿象、剑齿象（黄河象）、猛犸象等包括亚洲象和非洲象在内的众多真象。它们都有长长的上门齿和长得拖到地上的长鼻子。到了 1 万年前，最后的乳齿象（美洲乳齿象）和绝大多数真象都灭绝了。曾经有过 150 多个种类的长鼻目（即象类），只剩下亚洲象和非洲象两种。

亚洲象广泛分布在南亚和东南亚，鼻端有一个指状突起，雌象没有象牙，耳朵比较小和圆，前足有 5 趾，后足有 4 趾，一共有 19 对肋骨，头骨有两个突起。亚洲象历史上曾广泛分布于中国长江以南的南亚和东南亚地区，现分布范围已经缩小，主要栖息于印度、泰国、柬埔寨、越南等国家，中国云南省的西双版纳地区也有小的野生种群。亚洲象生活于热带森林、丛林或者草原地带。亚洲象是列入《濒危野生动植物种国际贸易公约》的濒危物种之一，也是我国一级保护动物。

非洲草原象耳朵大，耳朵下部呈现尖形，不论雌雄都有长而弯的象牙，前足有 4 趾，后足有 3 趾，其趾数比亚洲象少 2 个，共有 21 对肋骨，背部比较平，一般长达 6—7.3 米，高达 3—4 米，重达 10 吨。非洲草原象性情比较凶猛，尤其是孤独的雄象更为凶猛，不

被人类驯服的大象

易驯服。分布于非洲西部、中部、东部和南部。北部的亚种，于19世纪中期因人类的捕杀和栖息地丧失而彻底灭绝。由于人类的侵犯和农业用地不断扩张，非洲草原象的栖息地仅限于国家公园和保护区的森林、矮树丛和稀树大草原。

　　非洲森林象个头较小，一般不超过2.5米，体重2500—3500公斤，耳朵呈椭圆形，下颌骨长而窄，前足有5趾，后足有4趾，趾数和亚洲象相同。非洲森林象的象牙小而且直，笔直地向下生长，质地比亚洲象更硬。它们生活在非洲的丛林低地。根据基因分析证明，非洲森林象和非洲草原象不是同一个种类，二者有着明显不同的遗传特征。

第三章
你了解大象吗?
Chapter Three
Do You Know
About the
Elephant?

143

　　此外还有几个亚种,马来西亚有一种亚洲象亚种——侏儒象。侏儒象个头更小。另外,纳米比亚有一种非洲象亚种——沙漠象,足下肉垫变大,更适应缺水的生活,非常知道节约用水,而且会在沙漠中寻找水源。

　　几千年来,在亚洲,人们一直把大象奉若神明,作为吉祥幸福的象征,把象尊为万兽之王。在中国传统文化里,"象"与"祥"字谐音,所以大象被赋予了更多的吉祥寓意,比如,以大象驮宝瓶(平)为"太平有象",以象驮插戟(吉)宝瓶为"太平吉祥"。在泰国人的生活中,大象具有举足轻重的地位,是泰国的象征,与泰国的历史、文化、宗教、经济等方面的关系极为密切,泰国古往今来将白象视为镇国的瑞兽,象征昌盛吉兆,所以泰国也被称为"白象王国"。白象是一种罕见的白化象,它的眼睛一般是蓝色的,脚趾是白色的。相传,佛祖释迦牟尼是在其母亲梦见白象后诞生的。在曼谷卧佛寺中的佛案上,象的雕像是和佛祖摆放在一起供人们祭拜的。泰国的许多民间传说、文学作品、绘画、雕塑甚至谚语都与大象有关,大象的形象在泰国随处可见。在印度,大象更是一种颇受敬畏的动物,人们经常用大象来代表印度。印度人供奉的大象神,是印度非常有名的大神,知名度和受欢迎的程度相当于中国的观世音菩萨。不单单在印度,在很多南亚国家,一般具有一定规模的旅馆和商店里都会供奉大象神,四处也都有拜大象神的庙。

　　回顾人类与大象的关系,我们会看出这种关系的复杂性:在东亚国家，大象虽然一方面被尊为神，被视为吉祥物，但另一方面却还一直从事着耕田、运输等工作，有的甚至要进行演艺表演；大象死的时候，在泰国，人们会为它举行隆重的葬礼，但在非洲有的部落中，人们为了象牙和象肉仍在捕猎野生非洲象。

几年前，在英国东南肯特郡（Kent）乡间修建新的火车站时，当地人挖出了一具40万年前的大象遗骸。考古学家赶到现场进行了仔细的挖掘工作，他们发现，这头古菱齿象，生前曾遭到人类祖先的砍杀。当然40万年前，人类为了生存，会把大象以及所有动物都视作捕猎的对象。动物和人在那时还处于一种对立、竞争的关系中。但渐渐地，人在竞争中占据了绝对的优势，在人与象之间的矛盾冲突中，大象采取了渐渐退却的姿态。

大象在与人类持久的争战之后败下阵来，大象在时间和空间上退却的同时，人类的定居地区却得到极大的扩散与强化。正是人类的生产模式、产业结构调整所带来的生态的根本性变化，导致了野生象群觅食难度的加大，大象原有的栖息地再也满足不了它们新增种群的生存需求。

我们可以看出，人类与大象的"斗争"具体表现在以下几个方面：一是人类清理土地用于农耕，从而毁坏了大象原有的森林栖息地。大量的土地被开垦成农田后，需要不断地施加肥料，这必然导致土壤的化学成分发生改变，形成了不可阻挡的生态环境的破坏。二是人口增长后，取暖、做饭和冶炼所需的木材燃料随之增加，在

第三章
你了解大象吗？
Chapter Three
Do You Know
About the
Elephant?

145

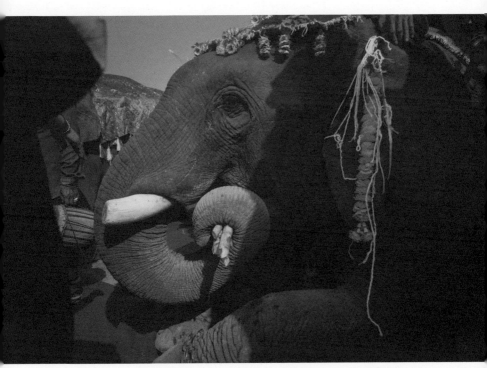

被锯掉象牙的大象

人类社会的发展过程中，盖房、修路、造桥也同样需要大量的木材，于是人的此类行为让森林遭受到严重破坏。三是农民为了保护他们的庄稼免遭大象的踩踏和吞食，与大象展开搏斗。他们认为，为确保田地的安全，需要除掉或捕捉这些窃贼。四是人类为了象牙和象鼻猎取大象，致使大象数量锐减。象牙一直以来都被视作名贵的雕刻材料，而象鼻则是美食家的珍馐佳肴，比如公元 5 世纪，中国就有关于雷州人对象鼻味道如同乳猪的描绘，还有唐代人关于象鼻又肥又脆、适合烧烤的记述。

在中国，现在仅有云南西双版纳地区还生活着为数不多的大象。但即使是这些为数不多的大象，也很难在自然界中生存下来，人类的橡胶、甘蔗等种植业的大规模发展，已经大量占据了亚洲象原有的生存环境，使其生存空间分割为多个板块，由于各板块间象群基因交流困难、象群迁移受阻的原因，最终导致亚洲象死亡率增加、种群质量不断下降。

那么，在非洲，情况又怎么样呢？

近年来，由于全球气候变化，非洲部分地区已陷入长期干旱，野生动物的生存环境不断恶化。除了环境外，非洲大象最大的威胁，来自于人类对象牙的需求。目前，许多亚洲国家对象牙的需求量都是巨大的，他们经常用象牙作为装饰物。如果这种偷猎行为得不到有效制止，在未来 10 年，非洲象的数量将进一步减少。而在 20 世纪初，曾有 1000 万头非洲象在这片大陆上栖息着，由于偷猎和栖息地的破坏和丧失，这个数字目前已经下降到了 50 万。动物保护组织在 2013 年发出警告，如果目前的盗猎状况难以缓解，非洲象的数量将在 10 年内减少 20%。据称，每年这片大陆上约有 22000 头大象被非法猎杀，盗猎猖獗程度已经无法容忍。

与非洲有所不同的是，在东南亚国家，特别是泰国和印度，人你了解大象吗？
Chapter Three
Do You Know
About the
Elephant?
第三章

147

与大象的关系，并没有完全呈现为一种敌对的关系。在这些国家里，很多亚洲象被人类所驯养，自古以来被视作家畜。人类常常驯养它们用来骑乘、服劳役和表演等。那么是否在这些国家，大象的命运就要更好一些？

答案显然是否定的。人类对大象的训练一直十分残酷，对刚捕获的大象，人们首先要用粗壮的麻绳，捆绑住它的四肢和脖颈，让它的身体倾斜，这个过程一般要持续几天几夜，直到大象筋疲力尽完全瘫倒下来为止。驯象师会使用尖利的象钩和棍子持续不断地抽打大象，摧毁大象的意志，迫使它们屈服，直到大象被人完全控制为止。这时候，捆绑在大象身上的绳索，已经把大象坚韧的皮肤磨破。驯化一头狂野的大象需要很长时间，一般是2—3年，如此漫长的过程，不可避免会对大象的生理和心理造成不可逆转的伤害，因此用于骑乘、服劳役和表演的亚洲象，往往存在严重的行为异常。

大约4000年前，印度河文明就已经开始驯象，但是象一直并未完全家养化，人们必须在野外捕捉野象来驯化。在佛教经典中，有一段关于佛陀与驯象师的对话：

佛陀问："你用什么方法来驯服大象？"

驯象师答："我通常以三种方法来驯服大象，一是用钢钩钩住象的嘴巴，然后再套上咬口铁，这样就可以牵着它，使它无法脱走；二是减少它的食物，使它挨饿消瘦，没有力气反抗；三是用棍子打它，使它痛苦、害怕。用这三种方法，就可以把象调理得很驯良了。"

佛陀又问："你用这三种方法驯象，目的何在呢？"

驯象师说："用铁钩钩嘴巴，可以制服它的桀傲不驯；不让它吃饱，可以调御它的凶猛；用棍子打它，可以使它不敢调皮、低头屈服，这样子它就能驯服柔顺了。"

佛陀又说："像这样驯服它，用意又何在？"

驯象师回答："这样使它驯服了，可以作为国王坐骑，不出危险；也可以派它冲锋陷阵，任意指挥它前进后退，没有困难。"

当然这段对话主要讲佛陀启发驯象师用驯象的办法来降服自己的内心，但我们可以从中看出人对象采用了什么样的驯服方法。

相较非洲象来说，亚洲象性情温和，是比较容易驯服的。而非洲，虽与巴基斯坦、孟加拉、泰国、缅甸等国家共同被称为"象的故乡"，但因非洲象性情凶猛，很少有被驯化的记录。人类驯养亚洲象，起初主要用于农业。盛产大象的亚洲地区，也有自古就利用象做运输工具、当邮差的传统。经过驯化的亚洲象，在东南亚国家承担了许多繁重的劳作，例如帮助人们开荒、筑路、搬运重物等。在缅甸的哈卡到洞鸽一带，还有一条著名的"象邮之路"，在这条路上，60多头经过训练的大象，终年穿梭往返为人们送信。在泰缅边境的一些村落，大象代替牛替人们耕地。象的躯体魁伟庞大，但它并不笨拙。象生性聪明、通人性，虽然行动缓慢，但跋山涉水却如履平地一般。

在古代，亚洲象还被训练为战象，在战争中发挥着现代部队中

你了解大象吗？ 第三章
Chapter Three
Do You Know
About the
Elephant?

149

坦克的作用。人类首次驱使象上战场是在公元前1100年左右的古印度，当时吠陀时代的印度有几首圣歌对此加以记载。象在战场上主要用于冲散敌军的阵列以及踩踏敌军。经过训练的战象，作战时冲锋陷阵、勇猛无敌。

在过去200年间，大象在泰国、缅甸和老挝都被用来从事大规模拉木头的工作。但随着森林面积的急剧变小，越来越多拉木头的大象，开始变得无事可做。大批的驯养大象与赶象人面临着严峻的失业问题，无论是大象还是赶象人，都再也无法重返过去的生活中。对象来说，如果自幼就被人类驯养，或者从出生起就在人的关怀下成长，就意味着它再也无法重返野外生活。因为野生的象群是不能接受新的成员的，离开人类的大象，最终会孤独地徘徊在森林中，对它们而言，未来的命运将比死亡更加悲惨。而对于赶象人来说，由于自幼就开始学习驯象的本领，除了驯象外，并没有其他谋生的技能，不再驯象后，他们也将和大象一样，无法加入到现代的生活中。饲养一头大象，一个月大约要花费5000元人民币，这样的开支自然是驯象人无法承受的，于是迫于生计，失业的大象只能被转让、遗弃或者杀死。还有一部分驯象人，则带着大象受雇于非法伐木场，或者被迫在城市街头流浪乞讨，要不就进入各个旅游景点，走上画画、踢球等"演艺"道路，或在旅游区内供游人骑乘。

在曼谷街头，经常会看到一些驯象人不顾法律限制，赶着大象进城讨生活，这既影响了市容，又伤害了大象，早已经成为曼谷政府的

比起拉木头，驮游客观景对大象而言是幸福的

一块心病。驯象人每天晚上带着大象出没于曼谷街头，利用大象吸引行人的注意，向行人兜售甘蔗、香蕉等大象喜爱的食物，并让行人喂食大象，每天可以赚取 2000 铢（约合 70 美元）。这在泰国算是很不错的收入，一名普通泰国工人的月收入通常只有 8000 铢（约合 270 美元）。

但大象并不属于城市，城市中大量的次声波让听觉敏锐的大象感到痛苦无比。进入城市的大象，有时会踏坏汽车的玻璃，或者陷进路边的沟槽，也会因为踩到尖锐的异物而弄伤自己。对此，动物保护者们心痛不已，警察却表示无能为力。2006年，一名驯象人曾为了躲避

第三章
你了解大象吗？
Chapter Three
Do You Know
About the
Elephant?

153

沦为家奴的大象，不知为何流泪

警察追捕，匆忙中把大象赶上了曼谷的一条大街，引起了整条街道的交通混乱。从那时起，泰国决定成立"流浪象特遣队"，以专门对付流落街头的大象，一些穿便衣的执法人员，还定期骑着摩托车在曼谷街头巡逻，以防大象制造混乱。然而这样的措施效果不佳，因为对付把大象带入城区的赶象人，警察只能以少量的罚款以示惩戒。警察之所以不愿拘留违法的驯象人，是因为担心自己无法驾驭那些失去主人后的庞然大物。对于警察来说，这是一项非常危险的工作，大象一旦发怒，必定会毁坏汽车制造麻烦，最后还要警察收拾残局，承担损失。所以，即使泰国至少有 8 条法律可以用来对付那些把大象带到大街上的驯象人，但事情总会不了了之，赶象人带领大象上街乞讨的行为仍旧屡禁不止。

泰国前首相阿南·班雅拉春就曾叹息道，每当看见大象出没在曼谷街头，他不仅替大象感到难过，也为自己感到羞耻。他说："大象是荣誉、尊严和领袖的象征，可如今却成为失败和不公平的象征。"泰国政府曾两度采取措施，试图将大象圈在穷乡僻壤的内陆乡村豢养，以改善大象的命运，但都不成功。

而那些被卖掉的大象，则与它们的新雇主之间建立了新的利益关系，为了能够控制大象，新的雇主通常会采用更加暴力的手段，任意殴打大象，有的甚至为大象注射兴奋剂，以使其超负荷工作。这一切导致被卖掉的大象性格更加扭曲，身心都受到伤害。

进入旅游业的大象，由于游客数量过多，平均每头大象每天要

你了解大象吗？ 第三章
Chapter Three
Do You Know
About the
Elephant?

155

服务几十甚至上百名游客。它们的工作，主要是驮着游客在景点周围游览，有的还要驮着游客穿越河流和森林，进行长途旅行。这些驮着游客旅行的大象，老龄化现象相当严重。它们一旦不劳动的时候，就要被铁链锁住，还经常被暴打。它们的住所条件简陋，进食不规律，劳动量过大。因而很多大象都有营养不良、消化能力差等方面的问题，还有的大象因为长期超重负荷，脊柱发生严重的感染，健康状况欠佳。与接受人类驯养的大象相比，野生大象的健康状况要好一些。

进入"表演"业的大象，为了让它们完成画画、踢球等规定动作，驯象人必须用最严酷的方式来训练大象。东南亚多个国家不断曝出大象遭受着各种惩罚与折磨的新闻，大象们在营地的生存状况极为艰难，苦不堪言。更令人担忧的是，泰国旅游业的兴盛引起了大象需求量的快速增长，各种大象的非法贸易和走私活动在缅甸与泰国边境大量出现。为了将幼年象非法托运回泰国，捕猎者经常围捕和枪杀缅甸森林里的成年大象。买卖大象贸易的快速增长，严重破坏了野生大象的生存环境。

从总体来说，需要工作的大象基本没有与异性自由接触的机会，一是长时间的劳累使大象们根本没有时间也没有心思交配，二是因为一只怀孕的母象需要怀胎两年才能生育，之后又需要至少两年养育小象，这期间不能参加工作，生下来的小象在 15 岁之前不能工作，因此很多象主人根本等不了这么长的时间，所以他们不愿意让母象怀孕。这导致大象的生育率下降，老龄化问题加剧。

几千年来，虽然人在与大自然、象的竞争中渐渐占据了优势，但人与象之间的矛盾冲突仍在小范围内上演。人类对森林的砍伐所导致的大象生存面积的缩小，以及人们的偷猎捕杀，都导致人象冲突的不断发生。野生亚洲象对人类利益的侵害范围、侵害强度与其栖息环境遭破坏的程度成正比。正是人类生产模式和产业结构的调整所带来的生态的根本性变化，导致野生亚洲象觅食难度增大，活动范围减少，从而导致人象矛盾的加剧。

另外，近年来人类开始对野生亚洲象进行保护，这在客观上促进了其种群数量的增加，但新增的种群需要另辟生存空间，无奈种植业的大规模发展占据了亚洲象原有的生存环境，而且阻断了亚洲象迁移的主要路线，将其生存空间分割为诸多板块，使得亚洲象要冒着危险穿越各种人为设置的障碍，如道路、农场、村寨等，使亚洲象群基因交流困难、象群迁移受阻、种群质量下降、死亡率增加，生存和繁衍受到极大的限制。同时，由于栖息地的碎片化，亚洲象赖以生存的自然生境的质量下降，其主要食物被破坏或隔离。在原有的栖息地满足不了亚洲象新增种群数量生存的需要时，也会促使它们和人类发生冲突。

当自然环境无法满足亚洲象饮食需求时，它们不得不向人类社会转移，转而取食农作物，直接造成农民的经济损失。在大象的取食过程中，常常会伴随人身伤害及房屋、畜禽等财产损失，引发严

你了解大象吗？ 第三章
Chapter Three
Do You Know
About the
Elephant?

157

重的人象冲突。野象取食和毁坏农作物、破坏房屋及农具、伤害人畜成为人象冲突的另一个具体表现形式。

以中国云南省西双版纳州为例，自20世纪80年代以来，境内的野象数量的确是增多了，一方面可能是自身种群的增长，另一方面是中国周边国家，尤其是缅甸，由于保护措施不利，造成野象的栖息地大量丧失，以及猖獗的盗猎压力，造成很多跨界象群最终选择中国云南西双版纳作为栖身地，但即使如此，据保守估计，中国野象数量也仅在160—210头之间，远没有原来所估计的那样多。虽然中国境内的野象数量增多了，然而在野象数量增加的同时，栖息地内人口的数量也明显增加了。目前，西双版纳州的人口平均年增长率为2.16%，显著高于全国人口平均年增长率。同时，西双版纳国家级自然保护区周边常驻人口已经超过3万，保护区内的人口数量也达到2万多，致使人象冲突加剧。

当野象进入村寨或农田后，当地村民经常使用烧火、锣鼓、鞭炮甚至猎枪等对野象进行驱赶，野象经常惊慌而逃。为了对付野象，防止野象进入村寨，那些长期受野象侵扰的村民，在政府和保护区的帮助下，还采用了开挖"防象沟"、架设电围栏、改种其他野象不爱吃的农作物等一系列措施来与野象抗争。但野象是一种很聪明的动物，这些措施起初很有效，但是没过多久野象就学会了用推倒小树等方法来破坏电围栏，电围栏拦截大象的方法很快就失效了。而防象沟也常常因为经受不了几场大雨，就因

聪明的大象能听懂上百个单词，仅凭主人的口令就能完成很多复杂的动作

淤泥和塌方而失效。一般说来，即使仅仅只是短时间内失效，野象也可能侵入人的领地。

亚洲象正逐渐适应人类的防范手段，而且由于野生亚洲象侵入农田采集农作物，农作物有集中、采食方便、营养价值高等特点，故而成为采食的首选目标，从而引起野生亚洲象采食农作物的习性被固化。野生亚洲象从偶尔的采食，变为在粮食作物成熟期长时间滞留，从人类手中抢夺食物。象还有一个坏习惯，就是它们喜欢糟蹋食物，有时被它们糟蹋的食物甚至比它们吃的还要多。这就出现了白天村民们忙着抢收田里的庄稼，夜里男人们在田边搭起的高脚窝棚点燃火把、敲起竹筒、吹响牛角，妇女们聚集在村寨边的山坡上凄惨而无奈地高声喊叫的景象。然而，面对人类采取的这一系列措施，河谷里的野象不仅不回避，反而人们喊一声，野象就跟着吼一声，让村民备感无奈。

人类对野象采取的种种驱赶措施，以及大象经常被人们安放在野外的各种猎具击伤，最终使野象对人类产生了较大的仇恨心理——2007年10月12日晚，在云南思小高速公路上，发生了可怕的一幕：一头2米多高的野象因穿过公路，和一辆行驶中的福特车相撞，这辆车被野象用头顶着后退了近20米，野象不停地怒吼着，挥舞着鼻子对着汽车一阵乱打。最终这头野象丢下一截折断的象牙愤然离去。车上乘客还没回过神来，它就已经将车子砸烂，还导致3名惊魂未定的驾乘人员受伤，1人送入当地医院的重症监护室观察。2007年

你了解大象吗？ 第三章
Chapter Three
Do You Know
About the
Elephant?

161

11 月 21 日，云南勐腊县勐腊镇林业站的女工程师陈素芬，在接到广纳里村有野象毁坏橡胶林的报告后，赶到现场勘查损失，却不幸遭到野象的袭击，丧身象蹄之下。2008 年 9 月 6 日，一群由 6 头野象组成的"抢粮队"长途奔袭，来到勐腊县勐满镇勐岗村，进入村民的稻田"抢粮"，80 多亩刚刚抽穗的稻谷被它们一扫而光。到了晚上，已经饱餐一顿的象群仍然不愿离开，霸占着柏油路睡起觉来，两名骑摩托车的男子不小心靠近时，被野象挥起长鼻连人带车摔出了公路。

对勐腊县当地村民来说，不知从什么时候开始，野象已经跟自家院子里圈养的猪差不多了。到了收获的季节，田地就成了这些野象的食物天堂，有时多达七八十头的象群在村民的田里肆意蹂躏，在短短的时间里，村民们辛辛苦苦种植一年的庄稼就被吃光了。他们每年平均因为大象要损失 1/3 以上的收成，个别人家甚至整年颗粒无收。"一年的收成都让它给毁了，还不知道哪天命也要毁在它的脚下！"一位村民对野象的所作所为感到愤愤不平。

在亚洲地区，很多国家都把象视为神灵，人们虽然对象神顶礼膜拜，但是在对亚洲象对人类造成的巨大经济损失面前，人们对象的崇拜与景仰也就荡然无存了。印度人与大象对生存空间的争夺是残酷的，尽管几十年来印度一直在实施保护野生动物的工作，但大象的生存空间仍然在逐渐缩减。当大象群漫步于各个村落偷吃粮食、捣毁村民酿制的米酒，并向人类发起攻击时，冲突的结局不是人亡就是大象死。面对森林的日益缩减，大象生存空间一直在减少，大象袭击村民让各村落永无安宁，原来村民用敲鼓和点火的方式来恐吓大象，但这种方法渐渐地对大象不再发生作用。

这种人象冲突最严重的情况，通过印度卡马吉拉地区得到体现。这个只有50人的村落一直没有通电，也没有饮用水。闯入村中的大象杀害了11名村民，并仍在损坏这个村落。一头大象闯入了一村民住宅中，疯狂地撞倒房屋的墙壁，睡在屋里的60岁老人丧生。该村落的村民说，晚上他们根本没法睡觉，大象的出现迫使他们只能睡在露天或者屋顶上。几乎每个村民的房屋都或多或少地遭到大象的损毁。已经有4个孩子的母亲卡玛卡尔说，应该用电篱笆阻挡大象入侵，他们最害怕他们的孩子被大象袭击。经过多次人象冲突后，野生大象已经养成了袭击村民存储的粮食的习惯。大象对村民酿造的米酒气味特别敏感，也很容易就嗅到储藏地，一旦发现，就会发动袭击。面对无休无止的人象冲突，印度政府林业部门开始捕捉并驯化这些庞然大物，试图达到"杀鸡吓猴"的目的，也就是让驯化后的大象在森林的边缘地带巡逻，"劝说"其他袭击村落的大象群离开。这种方式据说取得了一定程度的进展。

据不完全统计，仅印度每年就大约有200人被亚洲象踩踏致死，你了解大象吗？
Chapter Three
Do You Know
About the
Elephant?
第三章

163

每年也大约有 200 头野象因人象冲突而被猎杀。在印度，大象每年损坏 1 万—1.5 万间村民房屋，糟蹋 200 万—250 万英亩（1 英亩 ≈ 4047 平方米）粮食。面对大象的袭击，无论是偷猎者还是印度村民都为维护自己的生存空间展开了"报复"，他们通过开枪或水中投毒方式，致使每年有 200 头大象丧生。印度现在面临着两难选择：一方面保护工作没有取得预想的进展，另一方面大象不断袭击村落，人象双方都损失惨重。

面对日益升级的人象冲突，很多人提出了不同的解决办法。亚洲很多国家已经为大象专门划出了森林保护区，但这并不能从根本上解决人象冲突的问题。人象冲突问题最主要的原因，是人类的活动占据了野象原本栖居的自然环境，使野象适宜的栖息地减少了。而保护区周边很多原来适宜野象活动和取食的干热河谷，被开垦成了农田，种上了农作物，而这些农作物又正好是野象喜欢吃的，如玉米和水稻，这无疑像在大象的家门口支起了餐桌，邀请大象前来进食。

也有人提出以象养象的方法，也就是捕捉野象来进行人工饲养，通过人工饲养繁育的方式扩大人工种群，从而达到保护亚洲象的目的。然而亚洲象是社会性动物，每个群体内，每个个体彼此之间都有亲缘关系，它们是基于家族血缘建立起来的群体。在自然种群中，小野象可以跟随着母象学习很多生存的技能，同时受到整个象群的保护。再说，幼象之间的游戏行为还可以

被赶往林区拉木头的三头大象

第三章
你了解大象吗？
Chapter Three
Do You Know
About the
Elephant?

165

增加彼此的熟悉程度，进一步加强未来象群的社群关系。而利用人工繁育的方法，有可能会增加个体的数量，但是如何解决饲养种群的个体间彼此的社会性联系，如何建立较为自然的社会性群体，仍是非常困难的问题。

另外，亚洲象的繁殖周期较长，雌象的妊娠期在 22 个月左右，一般从出生到性成熟，再到参与繁殖要 12—14 年。这样一个较长的繁殖周期，人工饲养成本原本就较高，这给人工饲养亚洲象造成了极大的困难。而且就目前来看，在亚洲其他国家，所谓的家象也并非真正意义上的人工繁殖驯化的亚洲象，而是从野外捕捉野象后家养驯化的结果。虽然很多圈养的亚洲象都可以繁殖后代，但这些圈养繁殖出来的个体，几乎没有成功回归野外的先例。例如，西双版纳在过去的 20 年间，就没有将捕捉的幼象养到成年的成功先例——救护或从野外捕捉的幼象，无一幸免地都早早夭折了。事实上，在人类长期圈养下的亚洲象个体，往往会对人类产生依恋，同时也缺乏野外规避危险和在野外生存的一些必要技能，这些亚洲象在回归野外之后，总是会选择在人类活动区附近活动，"偷吃"庄稼等农作物，从而造成新的人象冲突。这在印度、缅甸、泰国等有着长期驯象历史的国家是很普遍的。

到目前为止，全世界范围内还没有一个可以根本解决人象冲突的办法。传统的防象沟、电围栏等，希望把人和象彻底分开的做法，实践证明并不是完全行之有效的。同时，任何试图把维护人的利益和保护动物的行为彻底分割开的做法，也是不可能的。也许帮助当地人发展替代经济，提高他们的物质生活水平，同时建设生态走廊带，保护亚洲象现存栖息地，在适宜的地方以退耕还林的方式开辟野生食物源地，吸引象群远离人类聚居区，会是更为可行的办法。

世界大象日于 2012 年 8 月 12 日设立，旨在呼吁人们关注身处困境的大象。大象是地球上最古老的哺乳类群之一，5000 万年来一度兴旺发达，仅仅 1 万年前，还有 11 种大象在全世界漫游，然而曾几何时，这个昔日繁荣的大家族就只剩下了 3 个成员——亚洲象、非洲草原象和非洲森林象。眼下，通过开展从源头到市场的全方位

用头拱运木头的大象

合作，有效打击非法盗猎大象、非法象牙贸易，已成为国际社会的普遍共识。2013 年，在由世界自然保护联盟和博茨瓦纳政府共同举办的非洲象峰会上，非洲象分布国、象牙贸易中转国以及主要消费国，共同通过了包括改善立法与执法、加强国家层面上的执法与国际执法的联合与合作等内容的 14 项紧急措施，希望这些切实有效的措施，能够保护非洲象这一珍贵种群的生存和繁衍。

　　不过，打击象牙非法贸易的行动并不容易，它会受到大象分布国经济状况、管理水平以及消费国对非法象牙需求等诸多因素的影响。比如，在非洲象主要分布区域、世界 64% 非法象牙来源地的肯尼亚、坦桑尼亚和乌干达三国，由于其野生动物保护区幅员辽阔，盗猎者往往跨国跨境作案，犯罪行为越来越有组织和计划，增加了该地区打击盗猎行为的难度。在这些地方，有关国家就打击盗猎行动等问题，加强信息交流与合作就显得非常必要，保护野生动物取决于多国的努力。

　　有效打击盗猎，还需要每个国家坚定的政策支持和完善的法律法规。但有些国家对于盗猎行为的法律不够严格，违法成本相对较低，这也造成一些盗猎者屡屡以身试法。据统计，肯尼亚境内近 80% 的盗猎者曾因偷猎行为被逮捕，但其中只有不到 5% 的人被关进监狱，其余的人只是在缴纳少量罚款后便被释放。

　　一些动物保护人士认为，允许受控、有限的合法象牙贸易以满足需求，是必要的。但象牙贸易的合法化，只会促使象牙需求

你了解大象吗？ 第三章
Chapter Three
Do You Know
About the
Elephant?

169

量进一步增长。受控的象牙贸易是不可能存在的。2014 年 8 月 19 日发表于《美国国家科学院院刊》（PNAS）的一项研究显示，从 2010 年到 2012 年，已有 10 万头大象惨遭屠杀。在非洲大陆，对大象的盗猎每年都创历史新高。盗猎者无所不用其极，他们用机关枪、毒药甚至是火箭弹残杀整个大象家族，连幼象、怀孕的母象也不放过——盗猎者这样做的目的，仅仅是为了夺取它们的象牙。

大象是繁殖速度慢、生长周期长的物种。据联合国环境署（UNEP）统计，任何大象种群如果每年下降比率超过 6%，就会有导致这一种群灭绝的危险。然而，今天在非洲大陆的大规模猎杀，使大象种群减少的速度达到 11%—12%。这意味着，人们对象牙的贪婪垂涎，将会在 10 年之内导致非洲象种群灭绝。

在中国，对遭受亚洲象危害较严重的村寨开展扶持项目，有效帮助项目实施村寨改善生产、生活条件，能在一定程度上缓解保护区"人象冲突"的矛盾。云南省西双版纳地区已经建立了亚洲象食物源基地。当地的百姓介绍说，每周他们都要去给大象种一次庄稼。这些村民在远离村庄的地方开了一些荒地，专门种一些大象喜欢吃的象草、芭米和芭蕉等农作物。有了自己的食物之后，象群就很少再去骚扰当地百姓了。

西双版纳自治州景洪市勐养关坪亚洲象食物源基地始建于 2005 年初，是勐养保护区为改善野生亚洲象的食物质量和缓解

曾经在丛林里所向披靡的庞然大物，如今……

你了解大象吗？ 第三章
Chapter Three
Do You Know
About the
Elephant?

171

人象冲突，而采取的一项探索性的野生动物保护管理措施。其主要做法是在思小公路通道附近森林边缘地带内，人工种植玉米、甘蔗、甜竹、香蕉、芭蕉等亚洲象喜食的植物，在庄稼成熟之际吸引亚洲象到基地来取食，减少亚洲象过往高速公路的频度和对周围其他村寨农作物的侵害。这些举措除了减少因亚洲象走上高速路与行车相撞的风险外，也在一定范围内减轻了亚洲象给社区群众带来的经济损失。自食物园建成后，经常有野猪、野象等野生动物三五成群地到园中寻找食物，有的还长住食物园内，直到食物园中的食物全部吃尽才恋恋不舍地离开。经过几年的努力，越来越多的野生动物被吸引到食物园中，为周围农民秋季抢收粮食赢得了时间。每年的 2 至 4 月份，是生活在景洪市勐养自然保护区内的野生亚洲象，从保护区东片向西片迁徙、横穿思小高速公路最频繁的季节。由于雨季的缘故，暴雨常常导致泥石流、地陷和树倒等自然灾害，阻塞了部分野生动物的通道，不同程度影响了野生亚洲象群的季节性迁徙。当地人到勐养自然保护区内思小高速公路两侧，对 5 个野生亚洲象经常迁徙活动的通道进行了清理维护，为生活在勐养自然保护区内的野生亚洲象提供了一个安全的迁徙通道。

西双版纳国家级自然保护区还建立了中国亚洲象种源繁育基地，其目的是拯救、收容野外发现的受伤野象，并通过种源引进和繁育，以恢复和扩大我国亚洲象的种群数量。各种费尽心思的缓解人象冲突的措施在一定程度取得了初步成效，但是随着大面积的森林变为橡胶林，林下食物缺乏、水源缺失、人为影响严重，其实这里基本不适合亚洲象的生存。要改善这些环境基本上不太可能，人与亚洲象争夺土地的现状很难改变。那些少量的荒地和次生林地虽然可以改善，但是由于面积小而分散，很难被亚洲象利用。在专家们看来，让渡野生动物生存空间，开辟亚洲象新的栖息地，提供迁移通道，应该成为今后保护亚洲象的主要方向。也许给亚洲象群建立一个更好的生存乐园，才是最终解决人象冲突的办法。

现在，地球上象类家族中只剩亚洲象和非洲象还生存着，它们生活在热带、亚热带丛林中，但是人类对环境的破坏以及对野生动物资源贪婪的掠夺，使亚洲象和非洲象正在遭受着灭顶之灾。人们一度无尽的索取，让大象失去了它们曾经美好的家园；如今，人们应该再度携手，让大象回到它应属的领地，寻找到新的家园。

毕竟，我们只有一个地球，地球不仅只属于人类，还属于生活在这个星球上的所有动物和植物。■

图书在版编目（CIP）数据

拉木头的大象／马可，王艺忠著；王艺忠摄．——上海：上海锦绣文章出版社，2016.7

（绿色生态物种系列）

ISBN 978-7-5452-1798-8

Ⅰ.①拉…　Ⅱ.①马…②王…　Ⅲ.①亚洲象－普及读物

Ⅳ.① Q959.845-49

中国版本图书馆 CIP 数据核字（2016）第 157597 号

出 品 人	周　皓	
责任编辑	（按姓氏笔画为序）	
	邓　卫　安志萍　周　皓　赵　彦　胡　捷　姚琴琴　郭燕红	
整体设计	颜　英	
技术编辑	史　湧	

书　　名	拉木头的大象	
著　　者	马　可　王艺忠	
摄　　影	王艺忠	

出　　版	上海世纪出版集团　上海锦绣文章出版社	
发　　行	上海世纪出版股份有限公司发行中心	
网　　址	www.shp.cn	
锦绣书园	shjxwz.taobao.com	
地　　址	上海市长乐路 672 弄 33 号（邮编 200040）	
印　　刷	上海丽佳制版印刷有限公司	
开　　本	889×1194　1/32	
印　　张	5.5	
字　　数	100 千字	
版　　次	2016 年 8 月第 1 版	
印　　次	2016 年 8 月第 1 次印刷	
ＩＳＢＮ	978-7-5452-1798-8/J.1110	
定　　价	29.80 元	